먼저 읽은 선생님들이 보내는 추천의 글

• 수학은 흥미와 감성으로 시작하여 이성으로 완성된다. 저자는 문제 풀이의 반복이 아닌 자기 주도적으로 완성하는 '착한' 수학 공부법을 제안한다.

– 이동흔(전국수학교사모임 회장, 하나고 교사)

• 교육은 기다림이다. 지나치면 모자람만 못하다고 했다. 막연한 불안감에 지나치게 어려운 문제를 풀거나 무의미한 선행을 하는 학생이 많다. 이 책은 수학 공부에 대한 욕심이 지나치게 앞선 학생과 학부모에게 수학 공부의 올바른 방향을 제시하고 있다.

– 김남준(서울 불암초 교사)

• 높은 산에서 지금 우리가 어디쯤에 와 있는지조차 막연할 때가 제일 답답하다. 수학이라는 커다란 벽 앞에서 우리가 어떤 현실의 흐름에 놓여 있고, 어떻게 수학을 공부해야 하는지 알려주는 보물지도와 같은 책이다.

– 김보현(서울 동성중 교사)

• 이 책에는 수학 교사가 학부모에게 해주고 싶은 모든 이야기가 다 담겨 있다. 수학을 학원이나 과외에 의존하는 현실이 안타까웠는데 명쾌한 대안을 제시해주었다. 저자에게 감사한다.

– 김재원(부천 계남중 교사)

• 몇 차례 꼼꼼히 되새김질하며 읽은 책이다. 학생과 학부모, 교사 모두에게 던지는 저자의 메시지는 현실적이며 실용적이다.

– 류상주(일산 국제컨벤션고 교사)

• 자녀의 사교육과 선행학습 때문에 고민하고 계신 많은 학부모들이 꼭 읽어야 할 책이다. 주변의 유혹에 넘어가지 않고, 가정에서 수학을 학교 공부에 충실하게 가르칠 수 있다. 이건 현실이다.

– 박원규(서울 수명초 교사)

• 수학을 두려워하는 학생과 그 두렵고 어려운 수학 공부를 하는 학생을 지켜보는 수학 교사에게 희망을 주는 책이다. 수학 교사로서 수학교육의 밝은 미래를 위해 무엇을 해야 할지 고민하게 하는 책이다.

– 윤민지(성남여고 교사)

• 저자만큼 수학과 수학 공부, 수학 학습 속에서 삶을 살아가는 사람은 드물다. 그의 철학과 소신이 그대로 책에 담겨 있다. 수학의 참교육을 생각하는 사람이라면 진정으로 반길 수밖에 없는 책이다.

– 윤정희(심원고 교사)

• 많은 학생들이 수학으로 인해 고통을 받고 있다. 이 책은 수학 공부에 대한 잘못된 신념과 그 위험성을 경고한다. 또한 진정한 수학 공부가 무엇인지 알려주고 있다. 자녀가 제대로 된 수학 공부를 하기를 바라는 부모님이라면 반드시 읽어야 될 책이다.

— 이미류(서울 상원중 교사)

• 이 책에는 30년 가까이 수학교육 현장에 몸담아 온 저자의 고민과 철학이 고스란히 담겨 있다. 오랜 경험 속에 뿜어 나오는 그의 수학 이야기가 현장감 있게 다가온다. 그의 열정이 만든 책이 ≪착한 수학≫이다.

— 이미숙(사우고 교사)

• 수학을 왜 배우는지에 대한 대답을 못 찾은 수학 교사에게, 수학교육에 힘겨워하는 학부모에게 이 책을 권한다. 수학을 배워야 하는지에 대한 확신이 없는 수학교사에게, 수학을 잘하는 자녀로 키우고자 하는 학부모님에게 이 책은 마중물이 되리라 확신한다.

— 이승화(고흥 점암중앙중 교사)

• 학생과 따로 놀고 있는 수학교육의 문제점을 조목조목 짚고 있다. 이제는 어떻게 수학 공부를 해야 하는지 돌아보아야 할 때다. 감히 수학 공부의 미래를 담은 책이라고 말하고 싶다. 꼭 한번 읽고 수학 공부 어떻게 해야 하는지의 해법을 찾아보시길.

— 이정(서울 대광초 교사)

• 수학 때문에 자녀와 한 번이라도 다퉈본 학부모라면 꼭 읽어봐야 될 책이다. 현장의 풍부한 경험을 바탕으로 씌어져 현 수학교육의 흐름이 잘 나타나 있다. 그리고 아동의 발달 단계에 따른 지도 중점들이 구체적으로 잘 제시되어 있다.

— 이정민(서울 개원초 교사)

• 수학의 중요성은 알고 있지만 정작 아이를 어떻게 교육해야 할지 몰라 학원에 의존하게 된다. 소신을 갖고 아이를 교육하기 힘든 사교육 광풍 속에 놓인 학부모님들께 이 책은 우리 아이 수학교육에 있어 최고의 길잡이가 돼줄 것이다.

— 임다원(서울 서원초 교사)

• 명문대 진학을 위한 수단이 된 수학! 거대한 산처럼 정복의 대상이 된 수학! 수학 때문에 헉헉거리는 우리 학생과 학부모들에게 등대가 되리라 확신한다.

— 정태영(한가람고 교사)

아이와 부모 모두가 행복한 초등 수학 혁명!

착한 수학

아이와 부모 모두가 행복한 **초등 수학 혁명!**

착한수학

최수일(수학교육연구소장) 지음

VIAHTT
ViaBook Publisher

프롤로그

초등 학부모의 고민에 답하다!

2011년 8월 31일, 정년을 11년 앞두고 저는 28년간 몸담아온 교단을 떠났습니다. 그 순간까지 제 머릿속에는 지워지지 않는 의문이 있었습니다. 그것은 한 수학 교사의 것만이 아니라고 생각합니다. 대한민국 학부모와 학생들의 고민이자 의문이었을 겁니다.

"나는 과연 이 땅의 수학 교사인가?"
"왜 아이들은 갈수록 수학을 더 싫어하는 것일까?"
"내가 가르치는 것이 진짜 수학일까?"
"내가 가르치는 수학이 아이들의 인생에 도움이 될까?"
"내가 가르친 아이들의 수학적인 능력은 실제로 커가고 있는 것일까?"

고등학교를 졸업한 학생들이 제일 먼저 버리는 것은 수학 교과서일 겁니다. 지긋지긋한 수학과 안녕이라며 환호를 지를지도 모릅니다. 초등학교 때부터 하기 싫어도 어쩔 수 없이 해야만 하는 과목으로 낙인찍힌 것이 바로 수학이니까요.

수학엔 왜 주홍글씨가 새겨져 있을까요? 수학은 죄가 없습니다. 잘못된 학습법이 수학을 꽁꽁 묶었을 뿐입니다. 눈앞의 성적에만 얽매인 우리들이 수학을 편견에 가두었습니다. 하지만 모든 공부가 그렇듯이 수학은 아이의 자기 주도성이 꼭 필요한 과목입니다.

아이에게 어떤 곳을 찾아가라고 합니다. 부모나 선생님, 사교육의 뒤를 졸졸 따라다닌 아이는 혼자서 그곳을 찾아가지 못합니다. 혼자 물어물어 찾은 아이는 그 길을 잊지 않습니다.

아이에게 내비게이션을 주며 조작법을 익히게 합니다. 지루하게 수십 번을 반복합니다.

"야호! 이제 우리 아이는 내비게이션을 다룰 수 있게 되었다."

이렇게 말할지 모릅니다. 그러나 나중 입시에서 아이에게 주어지는 것은 내비게이션이 아니라 지도입니다. 아이에게 가르쳐야 할 것은 동서남북의 방향과 거리감, 공간지각력이었는데 내비게이션 조작법만 열심히 가르친 것입니다. 수학이 그렇습니다. 고기를 주지 말고 고기 잡는 방법을 가르쳐야 하는 게 수학입니다.

조기 퇴직을 하고 바로 다음날부터 저는 교육과학기술부가 주최한 수학 대중화 강연에 나섰습니다. 2012년에는 교육과학기술부의 학부모 수학교실 운영 연구사업단의 책임을 맡게 되어 전국을 누비고 다녔습니다. 적게는 30여 명에서 많게는 400명까지 모였습니다. 30명이든 400명이든 아이의 수학 학습에 대한 학부모의 고민과 열기는 뜨거웠습니다. 1시간 정도의 짧은 강연이었지만 강연 후 질문이 끊이지 않았습니다. 하지만 시간도 부족했고 질문에 대한 답을 즉석에서 하기도 쉽지 않았습니다.

수학을 어떻게 공부해야 하는지에 대한 진지한 질문도 있었고, 아이를 자기 주도적으로 키우고자 하는 열망도 있었습니다. 그러나 대부분의 질문은 수학 학습에 대한 잘못된 이해에서 비롯된 것이었습니다. 연산의 속도를 강요하고, 매일 너무 많은 수의 문제를 풀도록 아이를 압박하고, 창의사고력이라는 간판을 내건 심화 문제집까지 섭렵해야 직성이 풀리는 학부모들을 설득하려 노력했지만 한편으로는 무기력감을 느꼈습니다.

선행학습이 아이의 장래를 망칠 수 있다는 경고에도 불구하고 선행학습 불패론을 주장하는 학부모와는 논쟁을 벌이기도 했습니다. 공교육을 불신하고 사교육을 신봉하는 학부모의 대세를 꺾는 일은 바위에 계란을 던지는 일처럼 느껴지기도 했습니다.

하지만 강연 후에 조용히 다가와 구체적인 학습법을 묻는 부모님들이 있었습니다. 강연 내용에 동감한다고 했습니다. 제 생각을 따를 테니 구체적인 방법을 알려달라고 했습니다. 그런 질문들이 저를 자극했고, 이 책을 쓰게 된 계기가 되었습니다. 아이가 스스로 수학을 공부하게 하고 부모가 같이할 수 있는 방법은 분명 있습니다.

관심이 있다는 것은 희망이 있다는 것입니다. 고민과 열기가 있다는 것은 아직 해볼 만하다는 증거였습니다. 저는 지금부터 잘못된 학습법을 파헤치고 새로운 대안을 제시하여 수학에 새겨진 주홍글씨를 걷어내려 합니다. 그것이 수학을 전공했고 수학을 가르쳤고 아직도 수학과 함께 살고 있는 저의 숙명이라고 생각합니다.

학교에서 수업할 때, 저는 1시간에 다섯 문제 이상 다루지 않았습니다. 어떤 날은 1시간 내내 문제 하나와 씨름하기도 했습니다. 수학을 가르치는 입장에서 아이에게 도움이 될 수 있는 것은 넓게 보는 안목을 만들어주는 것입니다. 날마다 새로운 것을 가르치고 배우는 것이 아닙니다. 이전에 학습한 개념과 오늘의 문제가 연결되어 있음을 깨닫게 하는 것이 중요합니다. 그러면 아이들은 수학의 부담에서 벗어나 자신감을 가지게 됩니다. 그것이 진정한 수학 공부의 핵심일 것입니다.

수학 공부의 핵심은 사고력과 논리적 추론 능력을 키우는 것입니다. 더 나아가 창의력을 발휘할 수 있는 역량을 가지게 하는 것입니다. 이런 능력은 짧은 시간에 많은 문제를 무작정 푼다고 길러지지 않습니다. 어느 한 수학 개념을 깊이 있게 학습할 때 그 능력이 길러집니다. 독서에 비유하면 다독(多讀)이 아닌 숙독(熟讀)입니다. 맛을 음미하면서 읽는 미독(味讀)의 경지에 이를수록 수학적 능력은 깊어집니다. 왜 수학을 공부해야 하는지에 대해 답하기 어려운 이유도 그렇습니다. 아무리 좋은 미사여구를 써서 설명해도 아이들의 수학적 능력이 깊어지기 전에는 마음에 와닿지 않습니다.

수학을 자기 주도적으로 학습하면 공부할 양과 시간이 훨씬 줄어듭니다. 새로 나오는 수학 개념을 자신이 이미 가진 수학 개념과 연결시키는 능력만 있으면 공부하는 양은 별로 늘어나지 않습니다. 한 번 공부한 것은 다시 볼 필요가 없는 것이 수학 과목의 특성입니다. 무작정 암기한 것은 주기적으로 다시 외워야 합니다. 하지만 철저한 이해를 동반하여 공부한 수학 개념은 매번 강화되기 때문에 절대 되돌아갈 필요가 없습니다.

이 책에는 이런 두 가지 철학과 신념이 녹아 있습니다. 하나는 수학 공부는 양보다 질이 중요하다는 것입니다. 또 하나는 자기 주도성이 절대적이라는 것입니다. 이것이 제 교육철학 속에 녹아 있는 구성주의입니다. 저는 10년 전부터 미리 가르치는 것을 최대한 억제했습니다. 아이들에게 생각할 시간을 주기 위해서 아이들의 학습 과정과 사고 과정을 인내와 침묵으로 지켜보았습니다. 부족한 부분이 발견되거나 자기 주도적으로 해결할 수 없는 언덕길에서만 뒤에서 밀어주었습니다.

부모님들께 호소합니다. 아이들이 어릴 때부터 외부로 표출되는 성적에만 급급하지 마십시오. 예선에서는 탈락하지 않을 정도로만 애쓰고, 결선을 대비해 힘을 비축하고 전략을 다듬어야 합니다. 그것이 경기에 임하는 선수의 바른 자세입니다. 장기전에 대비해서 잠재 능력과 자신감을 키우는 자세로 아이를 믿고 지켜보는 부모가 많아지면 좋겠습니다.

책을 내면서 고마움을 전할 사람이 너무나 많습니다. 저보다 앞서 수학 학습에 대한 나름의 주장과 이론을 펼친 모든 이들에게 고마움을 표합니다. 그리고 제 교육철학을 공유하고 지지해주는 전국수학교사모임의 이동흔 회장님과 초등국 선생님들, 교실관찰팀 선생님들에게도 정말 감사의 마음을 전합니다. 이들은 제 원고를 예리하게 분석하고 날카롭게 칼질, 비평해주어 부족한 글을 다듬어주고, 분에 넘치는 추천의 글을 써주셨습니다.

그리고 이 책의 기획에서부터 제 생각을 정리하는 작업에 항상 대화 상대가 되어준 비아북 출판사의 한상준 대표님께 진심으로 감사드립니다. 그리고 단행본 작업을 꼼꼼히 마무리해준 임병희 박사님, 김현구 편집자님에게도 감사의 뜻을 전합니다.

어떤 상황에서도 제 편이 되어주고, 시간적으로 집안에 충실하지 못한 것을 항상 넓은 품으로 안고 이해해준 아내와 늦게 들어오는 아빠를 격려해주고 믿어준 자녀 인애, 인혁이에게도 이 책을 증거로 바칩니다.

2013년 1월 동교동 연구실에서

최수일

CONTENTS

나는 무죄!
모든 건
실수일 뿐!

제1장

무엇이 문제인가

우리 아이 수학이 문제다.

공부 시간을 늘려볼까?

학원에 보내볼까?

족집게 과외를 해볼까?

대답은 모두 노(NO)!

중요한 것은 공부 방법이다.

수학 잘하는 아이로 키우고 싶다면 먼저 공부 방법을 점검해보자!

동시에 수학 학습에 대한 부모의 인식 또한 살펴보아야 할 것이다.

실수의 함정

엄마의 마음은 들떠 있습니다. 오늘 영수가 학교에서 시험을 보기 때문입니다. 아이가 시험을 보면 마음이 조마조마해야 할 텐데 엄마의 마음은 왜 들떠 있을까요? 엄마는 자신이 있었습니다. 요즘 영수가 공부를 많이 했거든요. 학원에도 열심히 나갔고 책상에 앉아 있는 시간도 다른 때보다 많았습니다. 내심 100점을 기대하고 있는지도 모릅니다. 드디어 영수가 학교에서 돌아왔습니다. 엄마는 속으로 영수에게 만들어줄 맛있는 음식을 그려봅니다. 영수가 들어옵니다. 신발을 채 다 벗기도 전에 엄마가 영수에게 속사포처럼 물음을 던집니다.

"오늘 시험 잘 봤지? 잘 봤을 거야. 열심히 했잖아. 혹시 100점?"

영수의 얼굴이 점점 불타오릅니다.

"미안해요, 엄마. 나 실수로 5개나 틀렸어요! 다 맞을 수 있었는데……."

엄마는 '멘붕'이 되고 맙니다. 순간 엄마의 얼굴에 만감이 교차합니다. 실수라니 무턱대고 나무랄 수도 없습니다. 그것이 실력이라는 사실은 상상하기도 싫죠. 엄마는 다시 마음을 가다듬습니다. 그리고 혼자 이렇게 생각하겠지요.

'그럼. 그건 실수였을 거야. 실수가 아니고서야……. 그렇게 열심히 공부했는데. 다음엔 영수가 꼭 좋은 점수를 받아올 거야.'

영수는 분명히 실수라고 했습니다. 실력과 실수를 따지기 전에 먼저 영수의 실수를 따라가보겠습니다. 여기에서 우리는 두 가지 질문을 던질 수 있습니다. '영수는 왜 실수를 많이 했을까?'와 '그 실수를 금방 고치고 나아질 수 있을까?'의 문제입니다. 지금부터 그 실수를 하나하나 파헤쳐보겠습니다.

실수는 아이와 부모 모두의 딜레마입니다. 강연에서 빠지지 않는 질문 중 하나가 실수를 줄일 수 있는 방법을 알려달라는 겁니다. 그런데 전 그런 질문을 받을 때마다 난감해집니다. 그것을 몰라서가 아닙니다. 뜸을 들이고자 하는 것도 아닙니다. 실수라고

다 같은 실수가 아니기 때문입니다.

부모님들이 한결같이 말하는 실수, 그 실수는 하나가 아닙니다. 실수에도 유형이 있습니다. 그렇지만 부모들은 그저 실수라고 말합니다. 사실은 그것이 부모가 저지르는 실수입니다. 아이의 실수는 크게 네 가지 유형으로 나뉩니다.

첫 번째 유형은 간단한 계산 실수입니다. 문제를 모두 해결했지만 마지막 순간, 간단한 계산을 틀리는 거죠. 계산이 틀렸으니 답도 틀려지는 건 당연합니다. 사실 이런 정도의 실수는 큰 문제가 아닙니다. 오히려 교훈이 될 수도 있습니다. 문제를 푸는 최후의 순간에 집중력이 흐트러졌기 때문에 이런 실수가 발생합니다. 이런 실수를 염두에 두고 끝까지 집중력을 잃지 않으려 노력한다면 실수는 금방 줄어듭니다. 오히려 집중력을 키우는 계기가 될 수도 있습니다.

더구나 서술형 시험문제라면 더욱 문제가 되지 않습니다. 서술형 문제의 경우, 답을 계산하는 마지막 과정에 대해서만 약간의 감점이 이루어지기 때문에 어느 정도 좋은 점수를 받을 수 있습니다. 이런 실수는 예방주사가 됩니다. 실수를 한 번도 경험해보지 못했다면 갑작스러운 실수에 크게 당황하게 됩니다. 더 큰 심리적인 부담을 느끼는 거죠. 그러니 이런 실수는 전화위복이 된다고도 말할 수 있습니다.

두 번째 유형은 초기의 계산 실수입니다. 문제를 푸는 과정에는 전혀 문제가 없었습니다. 다만 초기에 계산을 잘못한 경우입니다.

잘못된 계산 수치로 문제를 풀었으니 틀린 답안을 내게 됩니다. 하지만 이 실수 역시 큰 문제가 아닙니다. 이 경우도 첫째 경우와 마찬가지로 어느 정도 좋은 점수를 얻을 수 있습니다. 물론 어떤 교사는 처음의 실수를 받아들이지 않고 야박하게 채점할 수도 있겠죠. 하지만 여기에서 중요한 건 점수 자체가 아닙니다. 실수를 통해서 무엇을 배울 수 있느냐는 것입니다. 실수는 했지만 아이의 능력 자체에는 이상이 없습니다. 그러니 크게 걱정할 필요가 없습니다. 다음 문제를 한번 보시죠.

문제) $\frac{4}{5} \div 0.5 + 1\frac{2}{5} \times 2$ 를 계산하시오.

잘못된 풀이) $\frac{4}{5} \div 0.5 + 1\frac{2}{5} \times 2 = \frac{4}{5} \div 2 + \frac{7}{5} \times 2$

$$= \frac{4}{5} \times \frac{1}{2} + \frac{7}{5} \times 2$$

$$= \frac{2}{5} + \frac{14}{5} = \frac{16}{5} = 3\frac{1}{5}$$

너무 어려워할 필요 없습니다. 아이들과 함께 수학 공부를 한다는 마음으로 한번 따라와보세요. 그럼 아이의 잘못된 풀이 과정을 따라가보겠습니다. 아이는 처음 $\frac{4}{5}$를 0.5로 나눌 때 머릿속에서 $0.5 = \frac{1}{2}$이라는 생각과 나눗셈을 곱셈으로 바꾸는 과정에서 나누는 수의 역수($\frac{1}{2}$의 역수 2)를 곱한다는 생각이 동시에 일어난 듯합니다. 그런데 역수로 바꾸면서 나눗셈을 곱셈으로 바꾸지 않았죠.

이 문제는 이렇게 풀어야 했습니다.

풀이) $\frac{4}{5} \div 0.5 + 1\frac{2}{5} \times 2 = \frac{4}{5} \div \frac{1}{2} + \frac{7}{5} \times 2$

$= \frac{4}{5} \times 2 + \frac{7}{5} \times 2$

$= \frac{8}{5} + \frac{14}{5} = \frac{22}{5} = 4\frac{2}{5}$

오랜만에 수학을 대하려니 부모님들도 머리가 아득해지는 느낌일 겁니다. 하지만 이 정도는 참고 나아가야 아이의 수학 공부를 도울 수 있습니다.

처음 아이의 잘못된 풀이에서 결정적인 문제는 나눗셈을 곱셈으로 바꾸는 과정에 있었습니다. 그 이후에는 오류가 없었습니다. 하지만 초기의 혼동으로 정답을 내지 못했습니다. 그렇다고 실망하기는 이르죠. 물론 교사마다 채점 철학이 다르긴 합니다만 이 문제에서 아이의 잘못은 10~20% 정도라고 할 수 있습니다. 10점짜리 문제였다면 1~2점 감점하는 수준에서 채점이 이루어질 것입니다. 큰 문제가 아닌 겁니다.

그런데 부모님들은 그렇지 않은가 봅니다. 실수로 틀린 문제에 억울해하고 아쉬워하며 아이들을 닦달하기도 하죠. 그건 아닙니다. 사소한 일에 목숨 걸 필요 없다는 말 알고 계시지요. 이게 바로 사소한 일에 목숨을 거는 상황입니다. 상급 학교 진학을 위한 시험이 아닌 경우 학교 내의 시험 점수 하나가 치명적인 영향력을 발휘하는 경우는 거의 없습니다. 사실 내신 성적이 입시에 끼치는 영향은 지극히 미미합니다. 생각해보세요. 초등학교나 중학교 성적은 대학 입시에 아무런 영향을 주지 않습니다. 그러니 진정하세요. 진짜 문제는 이제부터 시작입니다.

세 번째 유형은 문제의 조건을 잘못 이해하는 경우입니다. 여기서부터 심각해집니다. 먼저 다음 문제를 보시죠.

문제) 과자 6개를 세 사람이 똑같이 나눠 먹을 때 한 사람이 갖는 과자의 개수를 구하시오.

잘못된 풀이) 6×3=18

6개를 세 사람이 나누면 당연히 6개보다 적어야 할 텐데 '18'이라는 답이 나왔습니다. 답은 당연히 '6÷3=2'가 되어야 함에도 말입니다. 언뜻 보면 이해가 되지 않습니다. 그리고 실수라고 생각할 수도 있습니다. 나누기를 곱하기로 착각했구나, 그런 실수는 할 수 있지. 하지만 이런 실수는 치명적인 문제를 안고 있습니다.

그거 알고 계신지요. 아이들만큼 부모들도 변명을 많이 합니다. 특히 자신의 아이에게 관대합니다. 사실 그런 변명은 부모 스스로에게 하는 것인지도 모릅니다. 위의 문제를 틀리면 부모들은 '우리 아이는 문제를 자세히 읽지 않고 건성건성 읽는다. 그래서 꼭 실수로 몇 개를 틀린다'고 변명을 합니다. 하지만 앞서 말씀드린 것처럼 이 실수는 변명으로 넘어갈 만큼 간단하지가 않습니다. '나눗셈'을 해야 할 상황에서 '곱셈'을 한 것은 단순한 실수가 아닙니다. 아이는 문제의 뜻 자체를 이해하지 못했습니다. 이는 아이의 이해 능력이 부족한 탓일 수도 있습니다. 이 문제는 뒤에서 다시 다루게 되니 네 번째 유형을 먼저 살펴보겠습니다.

네 번째 유형은 최악의 경우입니다. 문제를 전혀 이해하지 못해 아무렇게나 해결하려고 하거나 아예 손도 대지 못한 경우라고 할 수 있습니다. 소위 이건 '개념이 전혀 없는 경우'라고 보면 됩니다. 이런 현상이 일어나는 이유는 문제에 대한 수학적 지식이 전혀 없기 때문입니다. 물론 배운 것입니다. 하지만 대충 기억하고 넘어갔겠죠. 아마 책을 덮었을 때 그 문제는 이미 까맣게 잊혀졌을 겁니다. 그런데 종종 이상한 현상이 발생하기도 합니다. 특히 서술형 풀이에서 그럽니다. 풀이는 정말 이상한데 답을 맞히는 경우가 있습니다. 그렇다고 좋아할 일은 아닙니다. 다음 문제를 한번 보시죠.

문제) 내가 가진 12,000원 중에서 책 한 권을 사고 난 후, 남은 돈의 $\frac{3}{5}$으로 간식을 사 먹었습니다. 그 뒤 어머니께 용돈 1,500원을 받아서 3,500원이 되었습니다. 책을 사는 데 얼마를 사용했나요?

풀이) $12000 \times \frac{3}{5} = 7200$

$7200 - 200 = 7000$

답) 7,000원

도대체 어디에서 이런 풀이가 나왔을까요? 이건 실수가 아니라 혼자 소설을 쓴 것에 가깝습니다. 12,000원에 $\frac{3}{5}$은 왜 곱했을까요? 그리고 왜 뜬금없이 200원을 뺐을까요?

문제를 어떻게 풀어야 할지 모른 채 그저 문제에 나온 숫자들을 이리저리 넣은 것에 불과합니다. 그리고 그렇게 나온 숫자를 답으로 여긴 겁니다.

이 문제에는 몇 점을 줄까요? 사실 0점을 주어도 무방한 풀이입니다. 그렇지만 답은 맞았죠. 거기에 풀이하느라 애도 쓰긴 쓴 것 같습니다. 이때는 아주 넓은 마음을 가져야 하겠지요.

"제 점수는요, 10점 만점에 2점입니다."

정말 어마어마한 점수를 주었습니다.

지금까지 실수의 유형을 살폈습니다. 이제 실수라고 다 같은 실수가 아니라는 걸 알게 됐을 겁니다. 하지만 이게 끝이 아닙니다. 지금까지 우리는 그저 어떤 실수가 있는지 알아보았을 뿐입니다. 이제 더욱 중요한 일이 남았습니다. 도대체 그런 실수는 왜 하는지를 이제부터 살펴보겠습니다.

아이들은 왜 실수할까

아이들의 변명은 참 기상천외합니다. 마치 텔레비전 토론에서 출연자가 발뺌하는 모습을 보는 것 같거든요. 그런 아이들의 변명에는 어떤 것이 있을까요? 보통 이렇게 말하기도 합니다.

"배우지 않은 거라 못 풀었어요."

이건 변명이 아니라 황당한 거짓말입니다. 과연 이 말로 아이는 위기를 모면할 수 있을까요?

이런 말을 들으면 엄마는 콧구멍을 '벌렁벌렁'하며 분을 참지 못할 것입니다. 왜? 이건 너무나 명백한 거짓말이니까요. 우리는 알고 있습니다. 학교에서 안 배운 걸 시험에 내는 경우가 있나요?

학교의 시험문제는 진도를 나간 부분에서만 나옵니다. 아직 배우지 않아서 문제를 풀지 못했다는 말은 개념을 안드로메다에 두고 온 말이 아닐 수 없습니다. 어디 그것뿐입니까? 요즘처럼 선행학습이 유행하는 시대에 어떤 내용을 배우지 않았다는 것은 있을 수 없는 일입니다. 최근에 조사한 대부분의 통계에 의하면 초등학생이나 중학생이 선행학습을 비롯한 수학 사교육에 참여하는 비율은 70% 정도입니다. 그러나 선행학습 사교육을 받지 않았다고 해도 학교에서 정상적인 수업을 받았다면 적어도 한 번은 배운 것입니다.

TIP
통계청이 2011년에 전국적으로 조사한 수학 사교육 참여율은 50.2%이며, '사교육걱정없는세상'이 2011년 5월 대도시와 중소도시를 중심으로 설문 조사한 수학 선행학습 사교육 참여율은 76.2%였다.

그런데 문제에 대한 해답은 아이의 변명 속에 있을지도 모릅니다. 어쩌면 아이는 그저 위기를 모면하기 위해 변명을 하는지도 모릅니다. 그런데 또 어쩌면 아이가 정말로 그것을 배우지 않은 것이라고 느꼈을지도 모릅니다. 배웠지만 배우지 않았다고 느끼는 이유, 그것을 파헤치면 아이들이 실수하는 이유를 알게 될 수 있을지도 모릅니다.

그저 건성건성 넘어간 것은 배운 것이 아닙니다. 스스로 생각하지 않은 공부도 공부라고 할 수 없습니다. 그럼 아이는 헷갈립니다. 배운 건지 배우지 않은 건지, 공부한 건지 공부하지 않은 건지. 그래서 아이는 실수라는 말을 사용합니다.

'실수'라는 말 속에는 어느 정도는 '알고 있었다'는 뜻이 내포되어 있습니다. 전혀 몰라서 손도 대지 못한 문제를 실수라고 하지 않습니다. 손도 대지 못한 문제는 배우지 않았다고 하겠죠. 배우고 공부했지만 실수라고 말하는 것들을 우리는 다시 살펴보아야 합니다.

우리는 앞에서 실수의 유형을 살펴보았습니다. 그런데 앞의 실수 유형 중 가장 큰 문제는 세 번째 유형입니다. 간단한 계산 실수는 이해력이나 사고력의 문제가 아닐 수 있습니다. 그리고 문제를 아예 몰라서 못 푸는 네 번째 경우는 그냥 모르는 겁니다. 아이가 배우지 않았다고 우기는 경우도 이와 비슷할 수 있습니다. 이 경우 아이의 이해 속도가 다른 아이보다 조금 더딘 것일 수도 있습니다. 여기에서 필요한 건 인내심입니다. 절대 스피드가 아닙니다. 참을성을 가지고 멀리 보아야 합니다. 더뎌도 포기하지 않고 그 문제를 공부하게 되면 반드시 깨우치는 때가 옵니다.

세 번째 유형의 실수가 위험한 이유는 변명과 착각이 가능하기 때문입니다. 아이도 속고 부모도 속는 것입니다. 실수라는 이름에 말이죠. 때문에 세 번째 유형의 대처 방법이 매우 중요합니다.

초등학교 2학년 수학 수업을 관찰한 때의 일입니다. '두 자리수의 덧셈'을 배우고 있었는데, '오늘 동물원에 온 사람은 어린이 35명과 어른 18명입니다. 동물원에 온 사람은 모두 몇 명입니까?'라는 문제가 있었습니다. 그런데 한 아이가 '35-18'로 뺄셈을 하고 있었습니다. 아이는 '17'이라는 답을 구했습니다. 하지만 곧 자신의 답이 다른 아이들과 다르다는 것을 알게 되었습니다. 아이는 다시 문제를 읽기 시작했죠. 한 글자씩 줄을 그어가며 읽었습니다. 하지만 아이는 끝내 덧셈을 할 생각을 하지 못했습니다.

여기에서 아이는 이렇게 말할 수 있습니다.

"더하기를 해야 하는데 실수로 빼기를 했어요."

충분히 가능한 이야기라고 생각할 것입니다. 하지만 이건 실수가 아닙니다. 아이는 더해야 하는 상황과 빼야 하는 상황을 이해하지 못했습니다. 만약 이 아이가 아무 생각 없이 덧셈을 하여 '53'이라는 결과를 얻었다면 어땠을까요? 아이가 실수로 더한 것이지만 답이 맞았기 때문에 아이의 문제점은 발견되지 않았을 것입니다.

이런 문제는 2학년 그 아이 하나만의 것이 아닙니다. 학년별로 실수하는 예를 좀 더 들어보겠습니다. 초등학교 1, 2학년에서 가장 많은 실수는 구체물을 가지고 계산하는 상황을 수학적인 표현으로 바꾸지 못하는 것입니다.

어떤 아이에게 사탕 8개가 있다고 했습니다. 그중 3개를 먹으면 남은 사탕이 몇 개일지 물었습니다. 아이는 5개라고 답을 합니다. 그럼 이 아이가 '8-3=5'라는 뺄셈을 이해한 것일까요? 그렇지 않을 수도 있습니다. 아이는 구체적인 물건을 통해서는 덧셈과 뺄셈을 이해하지만 수학적인 표현으로는 그것을 이해하지 못할 수도 있습니다.

만약 부모가 이런 상황을 맞닥뜨린다면 한숨을 크게 쉴 것입니다. 도대체 왜 사탕 8개와 8이라는 숫자를 연결시키지 못하는지 답답할 겁니다. 급기야 억장이 무너지고 아이의 능력을 의심하는 사태에 이를지도 모릅니다. 하지만 그건 개구리 올챙이 적 생각 못하는 것과 같습니다. 지금의 부모들도 모두 그런 과정을 거쳤습니다. 그게 너무 오래전 일이라 기억을 못하는 것뿐입니다.

그 나이의 아이들에게는 사탕이나 연필과 같은 구체물을 이용한 직접 체험을 '8'이나 '3'처럼 추상적인 수로 바꾸고 '8-3'이라는 연산으로 연결하는 것이 쉽지 않습니다. 구체적인 상황을 추상화하는 과정이 바로 중요한 수학적 사고입니다. 이 과정을 쉽게 이해하는 아이가 있는 반면 여기서부터 어려움을 겪는 아이도 많습니다. 숫자나 수는 추상적인 개념입니다. 아이들의 세계에서는 구체적인 사탕의 개수와 추상적인 수가 다릅니다.

수학적 사고로 옮겨가는 근본적인 어려움은 '1'이라는 숫자를 쓰는 데서부터 시작됩니다. 아이들은 '일'이라는 말보다 '하나'라는 말을 먼저 배웁니다. 그런데 계산을 하면서부터는 '하나'라는 숫자는 없고, 모두 '일(1)'이라 읽고 써야 합니다. 아이에게 '하나'와 '일'은 같지 않습니다. '한 개'는 매일 쓰는 말인데 '일 개'는 없습니다. 그런데 '1개'라고 씁니다. 아이들은 어른들을 이상한 사람들이라고 생각할 겁니다.

초등학교 3, 4학년에서는 실제적인 나눔 활동과 나눗셈 식을 연결시키지 못하는 경우가 있습니다. 실생활의 사례나 구체물, 교구 등을 이용할 때는 이해하고 알아들으면서도 수식을 만드는 순간부터 아이는 아무것도 못하게 됩니다. 구체물을 통한 활동에서 수식을 만드는 과정으로 넘어오는 것을 전문용어로 수학화(數學化)라고 합니다. 그런데 많은 아이들이 구체적인 상황에서 벗어나지 못합니다. 수학화하는 과정으로 이동하지 못하는 것입니다. 게다가 수학화 과정은 아이마다 편차가 심합니다. 그래서 배려가 필요합니다. 어른들은 아이들의 편차를 고려해야 합니다. 아이가 수학의 개념을 이해하기 바란다면 어른들도 아이들의 편차를 인정하고 기다려주어야 합니다. 이런 일이 실생활에서 어떻게 벌어지는지, 영수와 엄마의 대화를 들어보겠습니다.

성질이 급한 엄마는 영수가 나눗셈을 이해했는지 알아보기 위해 문제 몇 개를 냈습니다.

엄마 : 21개의 풍선을 3명에게 나누어주려고 해. 1명이 몇 개씩 가지는지를 식으로 나타내볼래?

영수 : 그거야 간단하죠! 21÷3=7.

엄마 : 그래 제법인데! 그럼 21개의 풍선을 3명에게 똑같이 나누어주면?

영수 : 아, 왜 똑같은 질문을 반복하는 거예요. 마찬가지로 21÷3=7이죠.

엄마 : 정말 그럴까? 잘 들어봐! 아까는 그냥 나눈다고 했어. 하지만 지금은 똑같이 나눈다고 했잖아. 똑같이 나눌 때 7개씩 갖게 되겠지. 그러면 처음 질문의 답은 꼭 7이 아닐 수도 있어! 이처럼 나눗셈을 하려면 똑같이 나눈다는 조건이 들어 있어야만 한다는

것을 주의해야 해!

영수 : …….

엄마 : 그럼, 이 문제를 식으로 나타내봐! 20명이 10개의 빵을 똑같이 나눌 때는?

영수 : 왜 뻔한 문제를 자꾸 내고 그래요? 20÷10이죠.

엄마 : 에그그……. 내 그럴 줄 알았다. 10÷20을 해야지. 그럼, 4명이서 구슬을 8개씩 가지고 있을 때 총 구슬의 수는?

영수 : 8÷4로 하면 되죠!

엄마 : …….

영수는 왜 이런 실수를 하는 것일까요? 지금 영수는 실제적인 상황을 수식으로 연결시키지 못하고 있습니다. 그리고 또 하나, 영수는 지금 기계적인 사고를 하고 있습니다. '이런 상황에서는 무조건 이렇게 하면 된다'고 생각하는 겁니다.

엄마가 낸 몇 개의 문제들은 모두 나눗셈과 관련이 있었습니다. 그래서 영수는 4명이 8개의 구슬을 가지고 있는 상황도 나눗셈일 거라고 혼자 정해버립니다. 앞에서 그랬으니 뒤도 나눗셈일 거라고 생각한 겁니다. 그런데 8과 4라는 숫자가 나왔습니다. 이제 기계적 사고가 등장합니다. 아이들은 막연히 나누어지는 수가 나누는 수보다 클 거라고 생각합니다. 아무 고민 없이 영수는 8을 4로 나눕니다. 그리고 엄마는 두통약을 먹겠죠.

초등학교 3학년에서는 구구단을 이용하는 정도의 수준에서 나눗셈을 다룹니다. 때문에 나눗셈의 몫은 자연수가 됩니다. 그러니 나눗셈 식에서 항상 앞에 나오는 수가 크다고 생각하는 오개념이 생기게 됩니다. 그래서 무슨 뜻인지도 모르고 나눗셈을 (큰 수)÷(작은 수)로 유형화해서 암기하죠. 아이들에게 나눗셈 식은 결코 만만한 것이 아닙니다.

TIP
비슷한 예로 요즘 고등학생들이 많이 보는 책 중 유형 문제집이라는 것이 있다. 문제를 잘 이해하지 못하는 학생들에게 유형을 암기하도록 할 목적으로 만들어진 듯한데, 물론 근본적인 학습 방법이라고 보기는 어렵다.

마지막 질문에서는 곱셈식을 써야 했습니다. 하지만 마치 관성처럼 나눗셈 식을 공부할 때는 상황을 따지지 않고 모든 식을 나눗셈으로 계산하려는 경향이 있습니다. 유형화된 형태의 학습을 통해서는 아이들의 진정한 사고가 길러지기 어렵습니다. 아이들이 실제적인 의미를 이해하는 것과 수식으로 표현한다는 것은 다릅니다. 둘 사이를 잘 연결시키지 못합니다. 우리는 그것을 이해해야 합니다. 아이들에게 수학은 한마디로 재미 이전에 공포라는 것을 이해해야 합니다. 우리 모두가 그랬듯이 말입니다. 그러니 실제 상황과 곧바로 수식을 연결시키기보다 먼저 아이의 이해도를 정확히 파악해야 합니다. 그리고 풍부한 상황을 경험하게 해야 합니다. 그런 과정을 통해서 수식으로 저절로 연결될 수 있도록 시간과 공을 들여야 하는 겁니다.

초등학교 5, 6학년에서는 비율 개념이 본격적으로 등장합니다. 그 당시 아이들은 자신들이 쉽게 이해했다고 착각을 합니다. 그러나 사실 그것은 이해가 아니라 암기를 통해 문제를 푼 것입니다.

자, 그럼 은희의 사례를 살펴보도록 하죠.

초등학교에서 수학을 곧잘 했던 은희에게 위기가 닥쳤습니다. 중학교에서 은희는 곧 어려움을 겪게 됩니다. 수학 시간에 농도가 나오니 초등학교 때 열심히 외웠던 백분율이 생각납니다. 백분율은 비율 곱하기 100, (백분율)=(비율)×100, (백분율)=(비율)×100, …. 공식이 입에서 흘러나옵니다. 그리고 선생님의 질문이 시작되었습니다.

선생님 : 한 비커에 농도가 6%인 소금물 100g이 들어 있고, 다른 비커에는 농도가 8%인 소금물 100g이 들어 있어요. 이 둘을 합하면 소금물의 농도는 얼마가 될까요?

은희 : 14%입니다.

선생님 : 왜죠? 설명해주세요.

은희 : 문제에서 합한다고 했으니까요.

초등학생 때는 암기가 통했을지도 모릅니다. 비율에 대한 개념이 전무하여 문제를 맞추었을지 모릅니다. 그러나 중학교에 들어가면 그런 실력은 여지없이 무너지고 맙니다. 비율은 그냥 한 가지의 수가 아니라 두 수의 관계를 구한 것이기 때문입니다. 때문에 항상 전체와의 관계를 의식해야 합니다. 그런데 암기한 학생들은 비율끼리 더해서 간단하게 답을 구해버리고 맙니다.

은희가 범한 가장 큰 오류는 무엇일까요? 생소하게 들릴지 모르지만 문제는 '반성'입니다. 은희는 반성하지 않았습니다. 자신의 실수를 반성하지 않았다고요? 아닙니다. 문제를 풀며 되돌아보는 과정을 거치지 않았습니다. 6%인 소금물과 8%인 소금물을 섞으면 상식적으로라도 그 중간 정도의 농도가 나와야 합니다. 어떻게 생각해도 14%가 될 수는 없습니다. 그런데 은희는 자랑스럽게 자신의 답을 구했습니다.

아이들은 답이 나오면 뒤를 돌아보지 않습니다. 어떻게든 답을 구하면 생각과 고민을 멈춰버립니다. 지금 그것이 아이들의 공부 방법이 되었습니다. 정말, 이것은 반드시 고쳐야 합니다. 물론 오지선다형 지필고사에 익숙해진 탓도 있습니다. 하지만 그것은 단편적인 지식을 암기하는 교육과 계산 결과를 중시한 학습의 결과이기도 합니다.

스탠퍼드 대학의 폴리아 교수는 수학 문제 해법의 최고 권위자입니다. 그는 수학 문제 해결에서 네 가지 단계를 거칠 것을 주장합니다. 그 네 가지 단계 중 마지막이 반성입니다. 문제를 풀고 답을 맞히는 것에 급급하면 반성의 과정을 소홀히 하게 됩니다. 반성을 하게 되면 다양한 상황에서 문제를 바라보게 됩니다. 그리고 답을 되돌아보는 과정에서 제대로 풀었는지를 확인할 수 있게 됩니다. 또한 반성은 문제를 푼 결과에 대해 자신감을 심어주는 중요한 역할을 하기도 합니다. 문장으로 제시된 문제를 수식으로 옮기고 결과를 답으로 옮기기 전에 자신의 수식과 문제의 뜻이 들어맞는가를 확인하고 반성하는 과정을 반드시 거쳐야 합니다. 그래서 결과에 대한 확신이 든다면 그것이 곧 자신감이 되는 것입니다.

해답 의존형 아이

아이들은 스스로 공부할까요? 아니, 스스로 공부하고 싶어 할까요?

여기에 대답이 있다고 생각하시나요. 너무 큰 기대를 걸고 있는 거죠. 아마도 아이들에게는 그런 생각을 할 겨를도 없을 겁니다.

왜냐고요? 이미 모든 게 짜여져 있잖아요. 지금 아이는 각본대로 움직이는, 아니면 부모 손에 이끌린 꼭두각시와 같은 상태입니다. 아이가 무엇인가를 하기 전에 부모는 이미 모든 것을 마련해 놓습니다. 아이들 학습에서 가장 큰 문제가 바로 여기 있습니다. 우리 부모님들은 아이들이 스스로 하기를 원하지만 스스로 할 수 없게 만드는 강력한 시스템을 구축해놓았습니다. 결국 아이는 부모의 강력한 힘에 이끌려 수동적으로 듣고 배우게 됩니다.

미국의 철학자이며 교육학자인 존 듀이는 이런 말을 했습니다.

"어떤 생각이나 개념은 한 사람에게서 다른 사람에게 그냥 전달되지 않는다."

일방적인 주입은 쇠귀에 경 읽기라는 말입니다. 특히 사회적 구성주의에서는 학생들이 상호 대화와 토론 등의 의사소통을 통해서 지식을 습득한다고 주장합니다. 이것이 바로 오늘날 세계적으로 주류를 이루고 있는 학습이론입니다. 그래서 학교 수업도 사회적 상호작용과 협력 학습을 중요시하는 형태로 바뀌어가고 있습니다. 그런데 우리는 어떤가요? 맞습니다. 거꾸로 가고 있죠. 특히 수학에서 더욱 그렇습니다.

TIP
사회적 구성주의에서는 언어나 수 체계가 역사와 문화의 발달 과정에서 성립 · 발전한다고 본다. 그래서 아이들의 인지 발달에서 사회 · 문화적 교류가 가장 중요하다고 생각한다.

수학은 사고력을 절실히 필요로 합니다. 그래서 자기 주도적 학습과 또래들과의 협력 학습은 수학에 있어 최적의 학습 방법입니다. 스스로 생각하고 고민하고 또래와 토론하며 방법을 찾아나갈 때, 수학 학습은 효과를 볼 수 있습니다. 물론 그렇게 해결하지 못할 경우도 있습니다. 도움은 이때 주면 됩니다. 자기 주도적인 학습을 하는 경우라 할지라도 사교육이나 남의 도움을 전혀 받지 않고 모든 것을 혼자 스스로 해결한다는 생각은 너무나 극단적입니다. 본인 스스로 공부를 하다가 스스로의 판단에 의하여 또는 부모나 교사나 선배의 조언을 듣고서 약간의 계획을 수정하고 부족한 부분에 대해서는 전문가의 도움을 받을 수도 있습니다. 다소 시간이 걸릴지도 모르지만 아이 스스로 해결해나갈 때 수학의 확실한 기반을 다질 수 있습니다.

중국에 이런 고사가 있습니다. 농부가 씨앗을 심었습니다. 싹이 텄죠. 그런데 조바심이 났어요.

'빨리 싹이 커야 할 텐데, 이건 너무 더디다.'

이런 마음이 든 겁니다. 농부는 꾀를 냈어요. '내가 도와주면 싹이 빨리 자라지 않을까'라고 생각한 겁니다. 그리고 싹을 조금씩 끌어올렸습니다. 농부는 기대가 컸을 겁니다. 그러나 결과는 참담했습니다. 다음날 농부는 죽어 있는 싹을 보게 됩니다. 뿌리가 채 내리기도 전에 싹을 들어 올려 모두 죽고 만 겁니다. 이 이야기를 사자성어로는 '발묘조장(拔苗助長)'이라고 합니다. 이 이야기의 연원에는 맹자가 있습니다. 교육에 있어 최고로 유명한 맹모삼천지교의 엄마를 둔 맹자는 이렇게 말했습니다.

심물망 물조장(心勿忘 勿助長)

마음은 잊지 않으나 애써 도와주려 하지 말라는 뜻입니다. 수학 공부도 이와 같습니다. 시간이 걸리는 것처럼 보이지만 그것이 가장 좋은 방법입니다. 멀게 보면 이만큼 효과적인 방법이 없습니다.

사실 제 결론은 이겁니다.

인내심을 가지고 자기 주도적으로 수학을 공부하게 하라.

자기 주도적으로 하면 한 번 공부한 것을 두 번 공부할 필요가 없습니다. 또, 모든 수학 개념은 서로 연결되어 있습니다. 어느 한 개념을 자기 주도적으로 확실하게 이해하면 다른 개념에 대한 이해가 훨씬 빨라집니다. 꼬리에 꼬리를 물고 공부가 쉬워지는 학습의 도미노가 일어난다는 말입니다. 정말 효율적이죠.

초등학교에서 비와 비율의 개념을 정확히 이해했다면 중학교에 가서 닮음비를 보다 쉽게 이해할 것입니다. 그럼 그 어렵다는 고등학교의 삼각함수 역시 큰 어려움 없이 받아들일 수 있습니다. 고등학교 삼각함수는 중학교 3학년의 삼각비 개념으로부터 확장됩니다. 중학교에서 고등학교로 이어지죠. 그런데 삼각비와 삼각함수는 닮은 직각삼각형에서 출발합니다. 닮음은 중학교 2학년에서 다루는 개념입니다. 그런데 또 이것은 '닮은 직각 삼각형에서는 빗변과 밑변과 높이 사이의 길이의 비가 일정하다'는 초등학교의 비의 성질로부터 이어집니다. 초등학교에서 고등학교까지 수학은 연결되어 있습니다. 그러니 초등학교 수학 개념을 제대로 이해하면 고등학교까지 수학이 쉬워진다는 말입니다.

이왕 고등학교 수학 과정이 나왔으니 하나만 더 예를 들겠습니다. 고등학생들이 머리를 절레절레 흔드는 골치 아픈 분야가 있습니다. 고등학생이 뽑은 가장 어려운 수학 1위는 바로 '경우의 수와 확률'입니다. 그런데 사실 경우의 수는 법칙이 딱 2개입니다. 합의 법칙과 곱의 법칙입니다. 어렵다면 말을 바꾸면 됩니다. 합의 법칙은 덧셈이고 곱의 법칙은 곱셈입니다. 문제를 풀어나가는 과정에서 이루어지는 생각만 빼고 나면 계산 과정은 초등학교 2학년 수준으로도 할 수 있습니다.

인간에게 가장 쉽고 기초가 되는 연산은 덧셈입니다. 덧셈은 누리과정이나 초등 1학년에서 배웁니다. 그런데 초등 2학년이 되면 똑같은 수를 반복적으로 길게 더하는 상황이 나타납니다. 그럼 아이들은 어떤 반응을 보입니까? 그냥 지루해합니다. 지루하면 하기가 싫습니다. 그건 아이들뿐만이 아닙니다. 사람들은 누구나 단순한 작업을 지루하게 반복하는 것을 좋아하지 않습니다. 이때 구세주가 등장합니다. 바로 곱셈입니다. 다음과 같이 2를 여섯 번 더하는 상황을 간단하게 곱셈으로 나타낼 수 있습니다.

$$2+2+2+2+2+2=2\times6$$

그러면 다음 상황은 어떤가요?

$$5+5+5+5+5+5+5+5+5+5+5+5+5+5+5+5+5+5+5+5+5+5+5+5$$
$$+5+5+5+5+5+5+5+5+5+5+5+5+5+5+5+5+5+5+5+5+5+5+5+$$
$$5+5+5+5+5+5+5+5+5+5+5+5+5+5+5+5+5+5+5+5+5+5+5+5$$
$$+5+5+5+5+5+5+5+5+5+5+5+5+5+5+5+5+5+5+5+5+5+5+5+$$
$$5+5+5+5+5+5$$

5를 100번 더했습니다. 덧셈으로 결과를 알려면 엄청난 인내가 있어야 할 겁니다. 이건 거의 똥개 훈련 아니면 극기 훈련 수준입니다. 세다가 잊고 세다고 잊고, 세고 또 세는 과정을 반복해야 할 겁니다. 지루함을 넘어 나중엔 짜증이 납니다. 짜증 나니까 하기 싫습니다. 그럼 그만둡니다. 그렇죠. 여기에서 구세주가 나타납니다. 간단히 '5×100'으로 표현하면 어떤가요?

이처럼 똑같은 수(동수, 同數)를 거듭 더하는 것(누가, 累加)을 간단히 표현하기 위해 곱셈이 등장한 것입니다. 어렵지 않죠. 그런데 이것이 고등학생이 가장 어려워하는 합의 법칙과 곱의 법칙의 근본 개념입니다. 고등학생들은 곱의 법칙을 'm가지 사건 A가 일어나는 각각에 대하여 사건 B가 항상 n가지씩 일어날 때 두 사건 A, B가 동시에 일어나는 경우의 수는 $m\times n$이다'로 배웁니다. 아, 또 어려운 이야기를 했나요. 아닙니다. 어렵지 않아요. 말을 바꿔보겠습니다. 과자가 5개씩 담긴 박스 100개에는 총 몇 개의 과자가 있을까요? $5\times100=500$, 500개의 과자가 있습니다. 참 쉽죠.

이 이야기의 주는 자기 주도적으로 공부하지 않으면 해답 의존형 아이가 된다는 것입니다. 자기 주도적으로 공부하면 초등부터 고등, 입시에 이르기까지 탄탄대로를 걸을 수 있지만 해답 의존형 아이가 되면 낭떠러지에서 외줄을 타야 합니다. 그럼 해답 의존형 아이의 문제는 무엇일까요?

해답 의존형 아이에게는 자신이 스스로 얻은 개념이 없습니다. 그러니 더 깊이 생각하거나 확장시킬 개념도 없게 됩니다. 그 이유

TIP
사실은 익혔다기보다는 순간적으로 암기했다고 보는 것이 정확한 표현일 것이다. 이런 암기로 인한 기억은 며칠 정도는 남아 있지만 그 이상 보존된다는 보장은 없다. 단순 암기한 내용은 장기기억으로 저장되지 않는다.

는 해답을 보고 푸는 과정을 익히기 때문입니다. 이것이 또한 실수의 원인이 됩니다. 풀이와 해답을 본 후에는 더 이상 새로운 사고와 고민을 하지 않습니다. 그저 남이 해놓은 설명에 고개를 끄덕이며 따라갈 뿐이죠. 그리고 며칠 후에 혼자 스스로 다시 그 문제를 풀려고 했을 때, 갑갑한 상황이 도래합니다. 공부는 한 것 같은데 아는 게 없는 겁니다. 해답을 본다는 것은 본인 스스로의 사고와 이해를 동반하지 않은 무조건적인 암기라고 할 수 있습니다. 때문에 조금만 문제 상황이 달라져도 손을 대지 못하게 됩니다. 그럼 손을 댄다고 성공일까요? 전혀 그렇지 않습니다. 손을 대도 정확하지 않은 오개념을 적용할 가능성이 큽니다. 이런 해답 의존형 아이를 누가 만듭니까? 우리 모두는 알고 있습니다. 바로 아이를 가장 사랑하는 부모님들입니다.

누구나 자신의 아이를 사랑합니다. 자신의 아이가 남보다 뛰어나기를 원합니다. 그런데 키가 큰 아이를 원한다고 해서 하루에 밥을 여섯 끼 먹일 수는 없습니다. 튼튼해지라고 하루에 영양제를 100알씩 먹여서도 안 됩니다. 아이들에게는 자신이 소화할 수 있는 능력이 정해져 있습니다. 그런데 공부에서만큼은 그걸 잊고 맙니다.

부모는 자기 아이의 능력이 어느 정도인지를 제대로 파악하지 못합니다. 그러니 아이를 기다려주지 않습니다. 이웃집 '엄친아'의 방법을 무조건 따라갑니다. 그것도 아니면 시중에 넘쳐나는 각종 성공 사례를 자신의 아이에게 적용하려고 합니다. 하지만 모든 것이 무리입니다. 사실 성공 사례를 자세히 들여다보면 그들은 보통의 인간들이 아니라 정말로 특수한, 그야말로 0.001% 정도의 천재들입니다.

아이마다 환경과 성격, 습관이 다릅니다. 때문에 모든 아이에게 똑같이 적용되는 학습법은 거의 없습니다. 그렇다고 방법이 없는 건 아니지요. 자신의 아이를 연구하여 아이에게 맞는 학습법을 찾아주세요. 아이를 위해서 얼마나 많은 희생을 치릅니까? 솔직히 이 정도는 할 수 있잖아요.

이해 VS 암기

암기는 외운다는 것입니다. 어떤 아이들은 이해가 되지 않아도 무조건 개념을 외웁니다. 무조건적인 암기를 좋은 공부 방법이라고 생각하는 사람은 거의 없을 겁니다. 하지만 그런 생각을 가지고 있으면서도 우리는 암기식 공부를 합니다. 그리고 이런 변명을 합니다.

시험은 눈앞에 있고 공부할 시간은 부족하다.
수학도 따지고 보면 공식을 외워야 하는 암기 과목이다.

그리고 그냥 외우는 겁니다. 여기에 부모의 다급함도 무조건적인 암기를 부추깁니다. 먼 미래보다는 지금 당장 받아올 시험 점수가 중요하기 때문입니다.

암기는 좋은 방법이 아닙니다. 그래도 정말 암기를 하고 싶다면 좋은 방법을 알려드리겠습니다. 어떤 개념에 대한 이해가 충분하면 대부분은 저절로 외워집니다. 그리고 이렇게 기억하면 자고 나면 사라지는 단기기억이 아니라 견고하고 튼튼한 장기기억이 됩니다. 하루 암기하고 하루 시험 보는 것보다 훨씬 효율적입니다.

암기가 절대악인 것만은 아닙니다. 일부 개념은 이해했어도 보다 완벽한 기억을 위해서 따로 암기할 필요도 있습니다. 그리고 문제를 푸는 과정에서 개념을 적용하면 기억을 보다 강화할 수 있습니다. 어떤 개념은 충분히 이해했어도 암기가 어려울 수도 있습니다.

TIP
수학에서 문제를 푸는 목적은 답을 내는 것이 아니라 개념 적용 연습을 통해 개념을 보다 완벽히 이해하는 데 있다. 그러므로 문제를 푼 후 답이 맞았나에 관심을 갖기보다는 어떤 수학 개념을 적용했는지를 살피는 것이 중요하다.

구구단의 경우 곱셈의 개념을 이해하는 것이 시작입니다. 곱셈의 개념은 똑같은 수를 계속 더하는(동수누가, 同數累加) 데서 출발합니다. 6을 다섯 번 더하는 계산, 즉 '6+6+6+6+6'을 계산하다 보면 귀찮기도 하고 짜증도 날 겁니다. 인간의 뇌는 일반적으로 단순하고 지루한 작업에 짜증을 내기 마련이거든요. 그래서 이것을 간단히 '6×5'로 표현하는 곱셈의 개념이 필요해졌죠. 그리고 구구단을 외운다면 '30'이라고 쉽고 빠르게 답할 수 있을 겁니다.

문제를 푸는 데 자주 사용되는 구구단은 꼭 암기를 해야 합니다. 예를 들어 곱셈은 동수누가라는 개념으로 만들어진 것을 충분히 이해했습니다. 그런데 '8×7'을 계산할 때, 구구단을 외우지 않았다면 곱셈을 다시 동수누가의 계산으로 되돌려야 하는 갑갑한 처지가 됩니다. 수학에서 암기는 두 가지 측면이 있습니다. 어떤 개념을 이해하면 암기가 저절로 동반되는 경우가 있고, 이해 후에도 의도적으로 암기를 해야 하는 경우가 있습니다. 구구단이 이 영역에 속합니다. 수학에서 중요한 것은 그 원리를 이해하는 것이지만 때로는 암기해야 할 것도 있습니다. 그런데 문제는 무조건적인 암기입니다. 더구나 수학에서 암기는 최소화되어야 합니다.

암기로 수학을 공부할 경우 어떤 문제가 발생할까요? 지금 당장, 중학교에서, 아니면 고등학교에 올라가서 생기는 문제가 아닙니다. 가장 결정적인 문제는 수능에서 치명적으로 드러납니다. 사실 초등학교 때는 무조건적 암기의 폐해가 잘 드러나지 않습니다. 중학교 과정에도 그 폐해는 숨어 있습니다. 선다형 지필고사가 학교 시험의 주류를 이루기 때문입니다. 고3이 되면 암기의 폐해가 서서히 나타나기 시작합니다. 아차! 싶지만 때는 이미 늦었습니다. 고2까지는 내신 시험으로만 아이의 성적이 나타납니다. 학원에서 암기 위주로 학습을 했어도 점수가 적당히 나옵니다. 하지만 고3이 되고 3월부터 전국적인 수능 모의고사를 보기 시작하면 암기가 먹히지 않게 됩니다. 이전과 다른 형편없는 점수가 나오기 시작합니다. 처음 한두 번은

TIP
수능 모의고사 문제는 학교 외부에서 출제된다. 학생들은 내신에 강한 형과 외부 시험에 강한 형으로 구분되는데, 암기에 의존하는 학생은 내신에 강한 형으로 분류될 가능성이 많다. 하지만 대학 입시는 외부 시험에 강한 학생들에게 유리하다.

실수를 했을 것이라고 생각할 겁니다. 하지만 떨어진 성적은 결국 오르지 않습니다.

〈헤럴드경제〉가 2011년 5월에 조사 발표한 자료에 의하면 우리나라 고등학생 중 하루에 1시간도 공부하지 않는 비율이 절반 이상이라고 합니다. 여기서 공부란 무슨 뜻일까요? 학교에서 듣는 수업, 학원에 가서 듣는 수업, 인터넷으로 듣는 강의는 공부라고 치지 않습니다. 공부는 남에게 배우는 것이 아니라 스스로 혼자서 하는 학습을 뜻합니다. 고3이 되어서도 스스로 혼자 공부하지 않고서 어떻게 점수가 나올 수 있을까요?

초등학교 때의 공부 습관은 중학교 학습의 기초가 됩니다. 그 기초는 고등학교까지 밀고 나가는 힘의 원천입니다. 초등학교 시절부터 수학 개념에 대해 충분히 이해해야 합니다. 무조건적인 암기는 모래 위에 집을 짓는 것과 같습니다. 모래 위에 지은 집이 고등학교 2학년 때까지는 견딜지 모르죠. 그런데 고3이 되면 무너집니다. 칼바람이 부는 추운 겨울에 집을 잃고 마는 겁니다.

그래!
세상은 수학으로
이루어져 있었어!

제2장

응답하라! 수학, 왜 배우나

수학을 왜 배우냐고 묻는다.

아이가 논리적으로 납득할 수 있게 대답하지 못한다면

그 순간부터 아이에게 수학은 무의미해질 것이다.

더 이상의 동기도 유발되지 않을 것이다.

수학 공부가 왜 중요한지

아이들이 몸과 마음으로 받아들이도록 설명해주어야 한다.

그런데 단지 좋은 대학에 가기 위해서라는

설명밖에 하지 못한다면?

쓰지 않는 뇌는 도태된다

스티브 잡스는 죽었지만 아이폰과 아이패드는 남았습니다. 스티브 잡스가 남긴 것이 아이폰과 아이패드라는 물건만은 아닐 겁니다. '유저 프렌들리(user friendly)', 즉 사용자의 편리성은 스티브 잡스의 성공 요인이자 그가 우리에게 남겨준 유산입니다. 그런데 모든 것에는 음과 양, 빛과 그림자가 있기 마련입니다. 모든 것에서 얻을 수만은 없습니다. 우리에겐 잃은 것이 있습니다.

먼저 노래방을 예로 들어보겠습니다. 노래방은 우리에게 많은 편의를 주었죠. 우리는 노래방 덕분에 언제든 반주에 맞추어 노래를 부를 수 있게 되었습니다. 노래방이 전국민을 가수로 만들었다 해도 과언이 아닙니다. 또 노래방 덕분에 우리는 가사를 외울 필요가 없게 되었습니다. 화면에는 박자와 함께 가사가 나옵니다.

무척이나 편리합니다. 그러나 그 편리함 속에 문제가 있습니다.

지금 가사 전체를 정확히 기억하는 노래가 몇 곡이나 되나요? 휴대전화에 전화번호를 저장한 이후, 외우고 있는 전화번호는 몇 개나 될까요? 가족이나 친한 사람들 전화번호도 잘 외우지 못할 것입니다. 노래방이 아닌 곳에서 노래를 하려면 가사가 잘 떠오르지 않습니다. 휴대전화가 꺼지면 우리의 기억력도 꺼집니다. 가사를 외우지 않아도 된다는 것, 전화번호를 외울 필요가 없다는 것은 물론 편리한 일입니다. 내비게이션을 통해 길을 안내 받는 것 또한 지도를 보고 길을 찾아가는 것보다 편하지요. 그런데 그 이면에는 또 다른 논리가 웅크리고 있습니다.

사업자가 수요자의 편리함을 추구하는 것은 당연하고도 매력적인 일입니다. 그래야 잘 팔리잖아요. 그런데 편리함을 추구할수록 우리는 무언가를 잊어버립니다. 노래 가사를 잊고 전화번호를 잊고 길을 잊습니다. 그것들을 잊은 이유는 사용하지 않기 때문입니다. 사용하지 않는 기억력은 도태됩니다. 앞으로 또 무엇이 나올지 모르겠으나 분명한 것은 그 편리함만큼 생각하지 않고 기억하지 않는 부분이 늘어갈 것이고, 사용하지 않는 만큼 그 부분의 사고력이 점점 도태될 것이라는 사실입니다.

미래학자 니콜라스 카는 소셜 네트워크 시스템(SNS)이 인간들의 사고력을 저하시킨다고 주장합니다. 생각을 대신해주는 편리한 시스템이 사고할 기회와 필요를 축소시켰기 때문이라고 말합니다. 그리고 뇌의 기억 능력도 줄어들었다고 합니다. 결국 IT 전

도사로도 불리었던 니콜라스 카는 2011년, 스스로 페이스북이나 트위터 등 소셜 네트워크 시스템을 끊었다고 선언합니다.

수학을 전공했고 암산을 곧잘 하는 저도 계산기를 만지기 시작하면 금방 암산 감각이 둔해짐을 느낍니다. 인간의 두뇌에서 사용하지 않는 영역은 금방 도태되어 잘 돌지 않습니다. 그래서 계산이 급하거나 복잡할 때가 아니면 저는 가급적 계산기를 사용하지 않습니다. 머리를 이용한 암산(暗算)이나 연필을 이용한 필산(筆算)을 합니다. 아이들도 마찬가지입니다.

아이들에게 정말 필요한 것은 여러 가지 문제를 해결하는 능력입니다. 어떤 문제가 닥쳤을 때, 울며 엄마를 찾는 일 이외에 아무것도 못하는 아이가 되어서는 안 되겠지요. 누군가가 도와줄 때까지 마냥 기다리기만 하는 수동적인 아이가 되어서는 안 되지요. 우리는 여러 가지 문제를 해결해내는 능력 있는 아이를 원합니다. 이 이야기는 비단 수학에 국한되지 않습니다. 저는 수학을 통해 더 넓은 세상을 보여주고자 합니다.

인간은 편리함을 추구합니다. 하지만 많은 경우에 불편함을 감수하고 극복해야 합니다. 정전으로 인해 계산기가 작동하지 않으면 물건 값을 계산하는 것이 불가능해집니다. 그럼 가게도 문을 닫아야 하는 상황이 오고 맙니다. 대정전의 블랙아웃 사태가 벌어졌을 때, 우리는 무엇을 할 수 있을까요? 그런 극한의 상황이 아니어도 사람은 살면서 많은 문제와 위기에 봉착합니다. 그 문제를 해결할 수 있는 능력을 키워야 합니다.

수학은 왜 배워요?

사실 수학 교사들도 대답하기 어려운 질문이 있습니다. 고차원적이고 어려운 수학 문제가 아닙니다. 수학과 상관없는 질문도 아닙니다. 그 질문은 정말 당연하지만 우리가 생각하지 않고 넘어갔던 문제입니다.

우리나라 수학 교사들이 가장 곤혹스러워하는 질문은 수학의 필요성이나 유용성에 대한 질문입니다. 교과서에는 답이 나와 있을까요? 없습니다. 교육과정이나 교과서에 수학을 배우는 이유가 잘 설명되어 있다면 아이들이 굳이 그런 질문을 던질 필요가 없을 겁니다. 그러나 우리의 아이들은 이렇게 묻습니다.

"수학은 왜 배워요?"

"수학은 배워서 어디에 쓰나요?"

"수학이 왜 필요한지 모르겠어요. 선생님은 왜 수학을 전공하셨나요?"

이런 질문이 단지 아이들만의 것일까요? 그렇지 않습니다. 성인이 된 어른들은 이렇게 말합니다.

"사칙연산은 물건 값 계산할 때라도 필요하지만 다른 수학은 써먹은 적이 없다."

"12년 동안이나 수학을 배울 이유는 없다."

"수학을 몰라도 사는 데 지장이 없다."

"수학은 이과 과목이다."

"수학 공부는 어렵고, 모르면 기초부터 다시 시작해야 한다."

이런 질문을 받은 수학 교사의 답변은 옹색합니다. 약간 달아오른 얼굴로 이렇게 대답할지도 모르겠습니다.

"수학을 모르면 세상을 편하게 살 수 없어. 세상은 온통 수학으로 만들어졌거든. 아이폰을 봐라. 수학이 없었다면 이런 편리함을 누릴 수 있겠니? 네가 어른이 되면 금방 알게 될 거다. 수학은 최고의 학문이야."

그런데 아이들의 반응은 어떨까요? 아마 대답을 다 들으려고 하지도 않을 겁니다. 귀를 닫아버리고는 이렇게 항변하겠죠.

"수학을 잘하는 사람들이 수학 공부를 열심히 해서 세상을 편리하게 살 수 있는 장치를 만들고, 나는 그것을 이용만 하면 되잖아요. 나는 그 어려운 수학 문제를 잘 풀지 못해도, 수학 전공이 아닌 다른 분야에서 얼마든지 뛰어난 일을 할 수 있고, 성공할 수 있어요. 수학을 잘해서 성공하는 것이나 수학을 하지 않고 다른 분야에서 성공하는 것이나 무슨 차이가 있을까요? 왜 모두가 수학을 의무적으로 공부해야 합니까? 수학을 모든 학생에게 억지로 강요하는 지금의 이 제도는 잘못된 것입니다."

이러니 아이들에게 수학 교사들은 이상한 나라의 사람들입니다. 무슨 말도 안 되는 소리로 자기들을 괴롭히려는 유령 같은 존재들입니다. 그래도 수학이 중요하다는 생각을 하기는 합니다. 그게 또 이상합니다. 상급 학교에 진학하는 데는 수학 점수가 무척 큰 영향력을 발휘합니다. 부모님도 수학 점수에 아주 목을 맵니다. 수학 점수가 떨어지면 집이 내려앉아라 한숨을 쉽니다. 그런 걸 보면 수학에 뭔가 있는 것 같기도 합니다. 그런데 아직도 의문이 풀리지 않습니다. 왜 수학을 공부해야 하는지, 수학이 왜 중요한지를 모릅니다. 그러니 공부하고 싶은 동기가 유발되지 않습니다. 그래서 또 수동적인 학습이 시작됩니다. 이건 악순환입니다. 수학을 왜 배워야 하는지에 대한 근본적인 질문에 대답하지 않고는 수학을 둘러싼 악순환의 고리를 끊을 수 없습니다.

고등학교 수학 교사인 안슬기 선생님은 수학을 싫어하는 학생들에게 수학을 공부해야 하는 이유를 음악과 미술 공부에 비유합니다.

선생님 : 근데 왜 음악 선생님께는 음악을 왜 배우냐고 안 물어봐?

학생 : 그거야…… 음, 음악은 재미있으니까요.

언뜻 들으면 현명한 답인 것 같습니다. 그러나 이건 '왜 공부하는지'에 대한 대답은 아닙니다. 재미있어서 공부하는 거면 재미없는 과목은 공부하지 않아도 되나요? 그건 아니죠. 사실 음악을 공부하는 이유와 수학을 공부하는 이유는 똑같습니다. 하나는 아이들이 흥미 있어 하고 하나는 아이들이 재미없어 한다는 게 다르지만 말입니다.

학교에서 음악을 가르치는 이유는 인간으로 사회생활을 하는데 필요한 최소한의 음악적 소양을 길러주기 위함입니다. 음악 수업의 목표는 학생들을 모두 음악가로 만드는 것이 아닙니다. 체육은 어떨까요? 체육 시간이 없거나 운동을 하지 않는다면 어떻게 될까요? 세상의 아이들은 모두 허약 체질에 운동 부족, 비만에 시달리게 될지도 모릅니다. 체육을 가르치는 것 역시 생활에 필요한 최소한의 체력과 체육 지식을 길러주기 위해서입니다. 아이들이 철봉을 하는 것은 체조 선수가 되기 위해서가 아닙니다. 힘이나 근육 등 기본 체력을 기르기 위해 철봉에 매달리는 것입니다. 전체 학생 중 대학에서 미술을 전공하는 학생이 몇이나 될까요? 아니면 체육을 전공하는 학생은요? 하지만 나라에선 모든 학생들에게 미술과 체육을 가르칩니다. 그래야 이 세상을 살아갈 수 있는 시민이 되기 때문입니다.

수학도 마찬가지입니다. 수학자를 만들기 위해 수학을 가르치는 것이 아닙니다. 수업에서 배운 수학의 모든 내용을 실생활에서 쓰는 것도 아닙니다. 그렇다면 수학을 배우는 이유에는 단순한 써먹기를 넘어선 그 무엇이 있다는 말이 됩니다. 실생활을 위한 수학은 일차원적 목표입니다. 수학 학습에는 그보다 더 크고 넓은 목표가 있습니다. 수학적 사고력, 즉 생각하는 힘을 기르기 위해서 수학을 배웁니다. 물론 다른 모든 과목도 생각하는 힘을 길러줍니다. 하지만 수학은 사고력을 키우기에 가장 적합한 과목입니다. 왜 그럴까요? 수학의 문제는 다양한 조건에서 조직적으로 구성되어 있습니다. 그런 문제를 해결하는 과정에서는 머리가 아프도록 많은 사고를 해야만 합니다. 수학은 사고 훈련에 있어 최고의 과목입니다.

수학을 위한 변명

뭐, 수학을 싫어하는 사람들이 아이들뿐이겠습니까? 지금 이 책을 읽고 계신 부모님들, 아이들에게 수학 공부의 중요성을 강조하는 많은 부모님들도 수학을 그리 좋아하지 않을 것입니다. 나아가 고등학교 졸업과 함께 당장 이별해야 할 쓸모없는 존재라고 여길지도 모릅니다. 고등학교 때까지는 억지로라도 공부했지만 실생활에 수학이 별 필요 없다고 느끼는 거지요. 굳이 필요하다면 가게에서 물건을 살 때나 재테크를 위해 계산기를 두드릴 때 정도라고 생각할 겁니다. 그러니 실제 생활에서 수학이라고 할 만한 것을 사용한 기억이 별로 없습니다. 그래서 수학은 입시를 위해 공부해야만 하는 존재로 생각합니다. 입에 쓰지만 어쩔 수 없이 먹어야만 하는 약 같은 존재가 된 거죠.

이제 이쯤에서 반전이 있어야 할 테니 조금만 깊이 있게 관찰하고 잠시 숙고해보시죠. 고등학교를 졸업하고 수학 교과서를 쓰레기통에 던져버림으로써 수학의 손아귀에서 벗어났다고 생각하셨습니까? 이제 영영 수학 때문에 머리 아플 필요가 없다고 생각하셨습니까? 그랬다면 그것은 수학을 반만 알았기 때문입니다. 우리는 하루 종일 수학적인 것에 둘러싸여 있습니다. 잘 모르시겠다고요? 그건 수학이 우리 곁에 너무나 가까이 있기 때문입니다. 수학은, 숨을 쉬면서도 그 존재를 느끼지 못하는 산소와 같습니다. 인간의 감각이나 사고에 보이지 않을 뿐 세상 어디에도 수학 없이 존재할 수 있는 것은 없습니다.

우리가 살고 있는 지구와 자연계는 그 자체가 수학적입니다. 자연은 거대한 도형과 같습니다. 가장 많은 것이 프랙털입니다. 이름도 아주 거창하지요. 프랙털, 즉 자기 동형 또는 자기 반복은 전체와 부분이 같아서 어느 일부분만 떼어놓고 보아도 전체와 같은 도형을 말합니다. 그 프랙털이 세상을 메우고 있습니다. 프랙털은 제법 낭만도 있습니다. 하늘을 흘러가는 구름, 여름 해변의 리아스식 해안가, 창문에 낀 성에의 눈꽃 송이, 나뭇잎 등이 프랙털이니까요. 갈릴레이가 "신은 기하학자다!"라고 외칠 만하지요. 그런데 자연만 그런 것도 아닙니다. 요즘 많이 유행하는 컴퓨터 그래픽스에서는 프랙털 기능을 아주 많이 사용합니다. 그래야 더 쉽고 효율적으로 일을 처리할 수 있기 때문입니다.

이제 일상으로 가보겠습니다. 일요일 저녁 〈개그콘서트〉가 끝나면 월요일의 암울함이 밀려옵니다. 월요일 아침, 자명종이 울립니다. 시계를 봅니다. '5분만 더'를 외치며 뒤척입니다. 그렇게 하루를 시작하지요. 하루는 시계와 함께 시작됩니다. 하루는 24시간이요, 1시간은 60분이라는 계산 하에 활동이 시작되는 겁니다. 하루종일 시간을 의식하지 않고 사는 인간은 없습니다. 배가 고프지 않아도 식사 시간이 되면 밥을 먹습니다. 길을 나서면 길가엔 가로수가 늘어서 있습니다. 죽 늘어선 가로수에 무슨 수학이 있겠냐고 말하겠지만, 있습니다. 가로수의 나뭇가지와 꽃잎은 아무렇게나 자라는 것 같지만 피보나치수열 등 여러 가지 수열에 의해 규칙적으로 배열되어 있습니다. 직장에 가도 마찬가지입니다. 직장에서 받는 연봉과 보험 파생 상품은 철저한 평가에 의해 수학적으로 계산됩니다. 단지 인식하지 못할 뿐입니다. 이처럼 산소와 같은 존재인 수학은 우리의 삶에 꼭 달라붙어 있습니다.

우리가 살고 있는 21세기는 매우 빠르게 변화합니다. 새로운 지식과 생활 도구, 그리고 의사소통 방식이 계속해서 발전하고 있습니다. 최근 2년 동안 새로이 만들어진 정보는 인류가 지난 수천 년 동안 만든 정보를 능가합니다. 과거에는 제한된 사람들만 접할 수 있었던 정보가 지금은 대중매체를 통해 기하급수적으로 전파됩니다. 우리나라에서만도 3,000만 개의 감시카메라가 곳곳을 파헤치며 정보를 만들어내고 있습니다. 이런 상황에서 지금보다 일상생활이나 직업 현장에서 수학의 필요성이 절실히 요구된 적은 없었을 겁니다. 그리고 그 요구는 더욱 가속화될 것입니다.

일상생활은 이제 점점 수학적이고 공학적이 되고 있습니다. 인터넷으로 물건을 구매하고, 각종 재테크 상품을 현명하게 선택해야 하며, 선거에서의 투표 또한 여러 수학적 자료를 해석할 줄 알아야 합니다. 지적인 시민이 되는 데 필요한 수학적 능력이 점점 많아집니다. 작업 현장은 물론 개인적인 건강관리, 그리고 그래픽 디자인 같은 전문 분야에 필요한 수학적 능력의 수준이 점점 높아지고 있습니다.

그런데 그것을 보고도 모른다면 어떻게 될까요? 악덕 재무 설계사를 만나 재산을 날려버릴지도 모릅니다. 시골에 집을 짓고 싶어도 어떻게 지을지 몰라 날림 공사를 하게 될 수도 있습니다. 아이에게 투수가 던진 공의 속도를 설명하지 못할 수도 있습니다. 저는 수학을 넓게 볼 것을 제안합니다. 그리하면 세상도 조금 달리 보일 것입니다.

수학의 반격

세상의 변화에 비해 교육은 제자리걸음인 것 같습니다. 교육은 세상의 변화를 따라가기는커녕 계속해서 뒤떨어지고 있습니다. 여기에 심각한 문제를 제기한 학자들이 있습니다. 바로 트릴링(Trilling)과 파델(Fadel)입니다. 그들은 현재의 교육이 21세기의 변화에 적절히 대비하지 못한다고 비판합니다.

21세기는 지식기반사회입니다. 이 사회는 새로운 형태의 융합적 역량을 요구합니다. 물론 숙련된 능력을 무시할 순 없습니다. 하지만 이 사회에서는 하나의 무기만으로 살아남을 수 없습니다. 몇 개의 무기를 가져야 하고 그 몇 개의 무기로 또 다른 무기를 만들어낼 수 있는 사고력과 창의성이 있어야 합니다.

단순 육체노동과 간단한 사고 능력을 요구했던 직업들도 이제는 전문적 사고 및 복잡한 의사소통 등 더 높은 수준의 지식과 응용 능력이 요구되는 직업들에 자리를 내주고 있습니다. 단순했던 작업들은 점차 자동화되었습니다. 자동화되지 않은 단순 직업인 경우 거의 최저 수준의 임금에 머무릅니다.

업무 유형	업무 설명	직업 예
단순 반복	· 규칙 중심 · 반복적 · 절차적	도서관 사서, 경리 사원, 조립라인 공장 노동자
육체노동	· 환경 적응력 · 대인 관계 적응력	트럭 운전수, 경비원, 음식점 종업원, 잡부 가사도우미, 수위
복잡한 사고 및 의사소통	· 추상적 문제 해결 · 사고의 유연성	과학자, 변호사, 매니저, 의사, 디자이너, 소프트웨어 프로그래머

위의 표는 직업과 21세기 업무를 세 가지로 구분합니다. 우리는 교육의 변화를 통해 가능한 많은 학생들이 추상적인 문제를 해결하는 능력과 사고의 유연성을 가지도록 해야 합니다. 만약 그렇지 않으면 지금 학교에서 공부하는 아이들은 사회 진출 후 40대 전까지 여러 개의 서로 다른 직업을 가지게 될 것입니다. 42세 이후에는 몇 번이나 더 직업을 바꾸게 될지 알 수 없습니다. 하지만, 기대수명이 늘어남에 따라 그 숫자는 두 배 이상으로 늘어날 것입니다.

지금 자라는 아이들이 택하게 될 직업의 상당수는 아직 존재하지 않습니다. 지금 아이들에게는 미래를 예측하며 추측할 수 있는 추론 능력, 심오한 연역적 논증을 발전시키는 수학적 사고 능력이 절실합니다. 그리고 국경을 초월하여 인류가 함께하는 이질적인 다문화 사회에서 서로 다른 인종 간의 갈등을 극복하고 원만하게 의사소통할 수 있는 리더십도 필요합니다. 이런 상황을 대비하고 가르치기에 가장 적합한 과목이 수학입니다.

이렇게 이야기해 보겠습니다. 많은 사람들은 물고기를 주기보다 물고기 잡는 방법을 가르치라고 말합니다. 이 이야기를 아이들에게 적용해보겠습니다. 그럼 아이들이 어떤 문제에 직면했을 때, 그 문제를 해결해주기보다 그 문제를 해결할 수 있는 능력을 키워주라는 말이 될 것입니다. 어떻게 그 능력을 키워줄 수 있을까요? 수학입니다. 수학은 논리적 방법에 익숙하게 하는 훈련으로 최상의 수단이기 때문입니다.

세상에는 보이는 것보다 보이지 않는 것이 더 많습니다. 보이지 않는 것을 볼 수 있는 사람을 안목 있다고 말합니다. 수학적인 능력을 키우면 보이지 않는 것을 볼 수 있는 안목을 가지게 됩니다. 미래의 불확실성을 해결할 수 있는 역량은 수학을 통해서 가장 쉽게 습득되기 때문입니다.

왜 그럴까요? 어떤 일이 벌어졌을 때, 우리는 그 사건이 어떤 이유에 의해 발생했는지를 파악해야 합니다. 그리고 다음 상황을 예측해야 합니다. 분석하고 계산해야 하는 것입니다. 그것은 수학 문제를 푸는 과정과 다르지 않습니다. 수학적 사고는 추상적 사고로 연장됩니다. 모든 사건들의 연관성을 파악하고 해결하는 것은 추상적 사고를 통해서만 가능합니다. 그 사고를 통해 어떤 사태가 벌어지면 또한 그것과 연관된 다른 사태가 존재한다는 것을 예견할 수 있습니다. 이처럼 끊임없이 발생하는 사건들과 그들의 상호 연관성을 추측할 수 있는 것은 법칙이라고 불리는 몇 가지 보편적 원리가 있기 때문입니다. 이런 추상성과 보편성이 바로 수학의 본질입니다. 그리스 시대 최고의 철학자였던 피타고라스는 '만물의 근원은 수(number)'라고 말했습니다. 그 말은 지금도 여전히 유효합니다.

인간은 선천적으로 많은 것을 타고 태어납니다. 인지적인 능력이나 가정환경도 무시할 수 없을 겁니다. 그러나 그런 것들은 아이의 현재 상황과 관계없이 이미 정해진 것일 뿐입니다. 앞으로의 일은 아이의 후천적인 노력에 의해 결정될 것입니다. 출발은 다르지만 후천적인 노력에 의해 인간은 얼마든지 커갈 수 있습니다. 결국 중요한 것은 노력입니다. 그런데 엉뚱한 방향에서 노력을 한다면 어떨까요? 바다에서는 아무리 노력해도 나물을 캘 수 없습니다. 나물이 어디 있는지 알아야 나물을 캘 수 있습니다.

우리가 아이를 위해 노력해야 할 것은 사고력을 키워주는 것입니다. 수학은 인간의 뇌를 단련하여 사고력을 키워주는 최고의 과목입니다. 사고력, 즉 생각하는 능력이 없다면 어떤 학문도 할 수 없습니다. 사고력은 공부뿐 아니라 우리의 삶 모든 과정에 작용됩니다. 논리적, 합리적 사고력이 없으면 삶의 고비에서 올바른 판단을 내릴 수 없습니다.

수학은 바로 이 사고력을 배우는 학문입니다. 논리적 사고력이 없으면 어떻게 지구온난화 현상을 이해하고 거기에 따른 날씨 변화에 적절히 대처할 수 있을까요? 합리적 사고력이 없으면 어떻게 우리 조상들의 그 파란만장한 역사를 추론할 수 있을까요?

수학을 공부하는 것은 미래의 가능성을 위한 기초를 닦고 잠재 능력을 개발하는 것입니다. 그것은 인생을 위한 저축입니다. 지금 사회에서 꼭 필요한 것이라고 생각되는 것의 상당수는 10년 내지 20년 후의 미래에는 전혀 필요 없게 될 것입니다. 장래에 어떤 지식이나 기술이 필요할지를 예측하는 것은 쉽지 않습니다. 그러나 수학적인 추론 능력과 문제 해결 능력은 인간의 잠재 능력을 키워줍니다. 그래서 사회의 어떤 변화에도 적응할 수 있는 힘을 갖추게 합니다.

생각의 탄생과 창조적 사고

우리의 모든 활동은 생각에서 비롯됩니다. 생각 없이 이루어지는 것은 없습니다. 생각이 중요하다는 사실에는 모두 동의하실 겁니다. 루트번스타인 부부는 생각이 어떻게 탄생되는지에 관심을 기울였습니다. 그리고 《생각의 탄생》이라는 책을 써내지요. 책에는 최고의 창의력을 가진 인물들이 어떻게 사고하는지에 대한 분석이 있습니다.《생각의 탄생》에 의하면 창의력을 가진 사람들은 다음의 13가지의 방법으로 생각합니다.

① 관찰 ② 형상화 ③ 추상화 ④ 패턴인식 ⑤ 패턴형성 ⑥ 유추
⑦ 몸으로 생각하기 ⑧ 감정이입 ⑨ 차원적 사고 ⑩ 모형 만들기
⑪ 놀이 ⑫ 변형 ⑬ 통합

너무 추상적인 개념인가요? 그럼 예를 들어보겠습니다. 게임이 좋겠습니다. 게임을 통해 이 13가지 사고의 습득 과정을 볼 수 있습니다. 한 아이가 어떤 게임을 처음으로 접했습니다. 아이는 먼저 관찰합니다. 그 게임이 무엇인지, 재미가 있을지 없을지, 관찰을 통해서 파악합니다. 그런데 게임에는 규칙이 있습니다. 게임을 잘하려면 이 규칙을 알고 이용해야 합니다. 아이는 나름의 형상화, 추상화 과정을 거쳐 패턴을 인식합니다. 게임의 패턴을 이해했다면 자신만의 게임 스타일도 만들어낼 수 있을 겁니다. 스스로 패턴을 형성하게 되는 겁니다. 게임의 난이도가 올라가 더 어려운 단계가 되면 이전의 생각들로부터 새로운 아이디어를 유추해내야 합니다. 그리고 몸을 이용해 게임을 하면서 감정, 즉 재미를 가미해 즐기게 됩니다. 더욱더 진행하다 보면 차원적인 사고를 하며 모형을 스스로 만드는 경지에 이르게 되기도 합니다.

사실 수학의 장점은 이런 게임적 요소가 가미될 때 극대화될 수 있습니다. 그런데 가만히 보면 살아간다는 것이 게임과 크게 다르지 않은 것 같습니다. 새로운 게임을 접하고 그 게임을 잘하게 되기까지 여러 단계를 거쳐야 하는 것처럼 사회에서 우리는 많은 상황과 문제와 마주칩니다. 그 상황에 적응하고 문제를 해결하기 위해서는《생각의 탄생》에서 이야기하는 것과 같은 과정을 거쳐야 합니다. 그런데 그 과정이 수학적입니다. 수학을 배워야 하는 또 다른 이유는 수학이 나중에 사회인이 되었을 때 부딪히게 되는 이런 게임과 같은 여러 가지 문제를 더 효율적으로 처리할 수 있게 하기 때문입니다. 인생에서 닥칠 문제는 사실 수학 문제보다 훨씬 복잡하게 꼬여 있습니다. 수학에서 제시하는 문제를 풀어봄으로써 그런 복잡 미묘한 문제를 해결하는 능력을 갖추게 됩니다. 물론 수학 문제를 풀었다 하더라도 인생에서 직면하는 여러 문제를 모두 해결할 수 있게 되는 것은 아니겠죠. 하지만 수학으로 단련된 문제 해결 능력은 인생의 전반적인 문제를 해결하는 기반이 될 것입니다.

세상에는 수학보다 중요한 것이 많이 있습니다. 하지만 우리는 수학에서 중요한 것을 배울 수 있습니다. 성인이 되어 사회생활을 하면서 닥치는 문제들은 사실 수학 문제보다도 훨씬 풀기 어려운 것이 많습니다. 학창 시절에 수학 문제도 제대로 해결할 능력을 갖추지 못한다면 나중에 사회생활에서 닥칠 그 많은 문제들을 어떻게 해결할 수 있을까요?

나이가 들면 어려운 문제를 해결할 수 있는 사고력이 저절로 생기기도 합니다. 하지만 고도의 사고력이 키워지는 것은 아닙니다. 사고력 훈련에 가장 적당한 과목이 수학입니다. 수학의 문제는 그 자체가 고도로 추상화된 것이 많습니다. 더욱이 수학에서는 패턴을 찾아 추론하는 활동을 가장 많이 다룹니다. 그 과정에서 창의적인 사고력도 길러집니다.

수학은 문제를 풀이하는 과정에서 창의성을 발휘하게 합니다. 다음 그림에서 정사각형의 개수 구하는 방법을 생각해보죠. 보통은 일일이 개수를 셀 것입니다. 하지만 방법은 하나가 아닙니다.

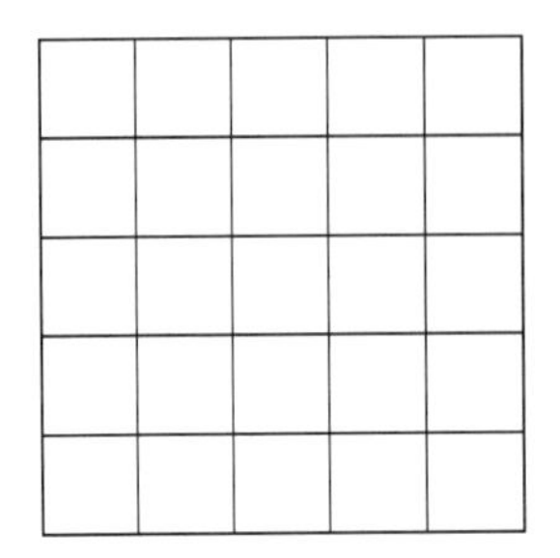

조금 더 쉽고 빠른 방법을 생각할 수 있습니다. 그건 더 다양한 풀이 과정을 생각하는 것과 같습니다. 여기에서 창의성이 발휘됩니다. 세다 보면 길이가 1인 정사각형 1개에 대하여 그 오른쪽 위의 꼭짓점은 오직 1개가 있음을 알게 됩니다. 즉 길이가 1인 정사각형과 그 오른쪽 위의 꼭짓점이 1 : 1로 대응됩니다. 더 간편하게 세는 방법을 고민하다가 나오는 생각이 정사각형 대신에 그 오른쪽 위의 꼭짓점을 세는 것입니다. 이런 창의적인 생각은 확장됩니다.

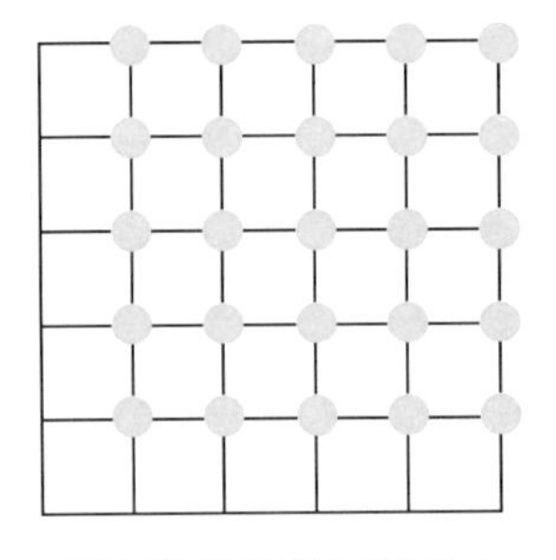

길이가 1인 정사각형의 개수 5×5

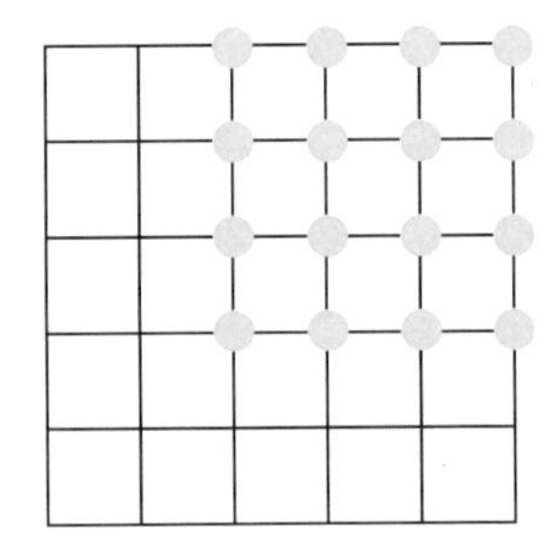

길이가 2인 정사각형의 개수 4×4

길이가 2인 정사각형의 수를 셀 때는 어떻게 할까요? 길이가 2인 정사각형은 대응하는 꼭지점이 한 줄에 4개씩입니다. 그럼 길이가 2인 정사각형의 개수는 '4×4'가 됩니다. 이것이 창의적인 사고입니다.

루트번스타인 부부는 '한 분야의 창조적 사고를 배운다는 것은 다른 분야에서 창조적 사고를 할 수 있는 문을 여는 것과 같다'고 말합니다. 창의적인 사고를 꼭 수학에서만 배울 수 있는 것은 아닐 겁니다. 다른 과목을 통해서도 배울 수 있겠죠. 하지만 이렇게 말할 수는 있습니다.

"다른 과목에서도 창의적인 사고를 배울 수 있지만 창의적 사고를 배울 수 있는 가장 적합한 과목은 수학이다."

사교육
선행학습
개념없음
겉핥기
이해부족
....
....

제3장
아깝다! 수학 사교육

사교육이 진정 효과가 있을까?

그럼 사교육은 언제부터 시킬까?

수학 선행학습은 몇 년 정도 앞서야 할까?

정답은 없다.

정답이 없다는 것은 사교육이나 선행학습을 받지 않아도 된다는 뜻이다.

사교육을 통해서 성공한 아이의 성공 요인이 사교육만이라는 보장은 없다.

그 아이는 사교육이 없었어도 충분히 성공할 능력이 있는 아이였다.

자기 주도적 학습의 실종

아이가 앉아서 스스로 공부를 합니다. 모르는 것은 물어보고 토론도 서슴지 않습니다. 하나를 가르치면 열을 압니다. 이런 광경이 정말 보고 싶습니다. 누구나 바라는 이런 아이가 내 아이면 좋겠습니다. 부모의 마음은 똑같습니다. 그런데 여기에서 솔직한 질문을 던져야 합니다. 그런 기회를 주기는 주나요?

아이들이 초등학교 저학년 때부터 스스로 학습한다는 것은 어려운 일입니다. 부모가 끼고 가르치는 것에도 한계가 있다고 합니다. 물론 성공을 거둔 경우도 있습니다. 하지만 대부분의 아이들은 결국 사교육으로 향합니다. 그러나 그 결과는 그토록 원했던 자기 주도적 학습 능력의 결여입니다. 아이가 스스로 공부할 능력이 없는 게 아니라 스스로 공부할 결정적 힘을 빼앗기는 것입니다.

부모들은 모두 잠재 능력을 키워 아이 스스로 할 수 있는 힘을 길러주어야 한다고 생각할 겁니다. 그것이 옳다고도 생각합니다. 하지만 부모의 의지는 쉽게 무너지고 맙니다. 절대 무너지지 않으리라 생각했던 그 신념의 초심은 작은 구멍 하나에 무너지고 맙니다. 둑의 작은 구멍이 결국 거대한 둑을 무너뜨리고 홍수를 일으키는 것과 같습니다.

초심을 무너뜨리는 작은 구멍의 시작은 이렇습니다. 아이가 수학 시험을 보았습니다. 점수가 낮아요. 저번보다 성적이 떨어졌어요. 그래도 한 번 정도는 참아요. 그런데 성적 하락이 이어집니다. 점수가 낮아도 너무 낮아요. 긴급 가족회의가 소집됩니다. 결론은 옆집의 누구처럼, 아는 친구의 누구처럼 아이를 학원에 보내자는 것으로 내려집니다. 엄마는 이제 학원 헌터가 됩니다. 이때 옆집 엄마의 '카더라 통신'은 정말 큰 힘을 발휘합니다. 이제 아이의 선택은 없습니다. 엄마가 정해준 학원에서 정해진 과정을 배웁니다.

이와 반대되는 경우도 있습니다. 아이러니하게도 수학 점수가 너무 잘 나올 때입니다. 수학 시험을 봤어요. 점수가 높아요. 높아도 너무 높아요. 이런 훌륭한 아이를 가만히 둔다는 것은 부모의 도리가 아니지요. 때마침 옆집 아이가 영재교육원 입학을 목표로 사교육을 받고 있습니다. 학원에 가서 상담을 받으니 귀가 솔깃해집니다. 아이의 재능을 썩히고 있었다는 생각에 자책도 합니다. 더 적극적으로 보면 아이의 재능을 키워준다는 사명감도 생기고요. 어쨌든 아이는 학원에 다니게 됩니다.

물론 부부의 맞벌이 때문에 아이를 학원에 맡겨야만 하는 경우도 있을 겁니다. 이 모든 경우 학원에 가는 것 자체가 문제라고 할 수는 없습니다. 문제는 학원에서 학생을 지도하는 방법입니다. 아이의 체력을 키워주려고 체육관에 보냈는데, 크게 다쳐서 돌아온다면 어떨까요? 이런 일이 공부하라고 보낸 학원에서 벌어질 수도 있다는 이야기입니다.

먼저 성적 하락으로 학원을 찾은 경우를 살펴보겠습니다. 이 경우는 보충의 차원에서 학원을 찾은 것입니다. 그럼 학원에서는 학생이 못하는 부분을 차근차근 챙기고 따라오도록 기다려주며 인내를 가지고 개별적으로 지도해야 합니다. 그런데 현실은 그렇지 않습니다. 뒤처지는 아이를 위한 학원 수업은 거의 존재하지 않습니다. 학원에서 보충 학습의 의미를 가진 학급을 편성했다 하더라도 개별적인 지도는 역시 먼 이야기입니다. 학교에서 부족했던 부분이 학원에서 채워지지 않는다는 말입니다. 이런 아이들에게 가장 좋은 방법은 부모가 직접 챙기는 것입니다. 집에서 아이에게 용기를 북돋워주며 천천히 회복할 수 있도록 해주는 것이 바람직합니다.

초등학교 때는 내용 자체가 많고 어려워서 수학을 못한다고 할 수 없습니다. 다른 아이들에 비해 잠깐의 이해력이 늦는다는 표현이 더 정확할 겁니다. 이런 문제는 시간이 해결해줍니다. 때가 되면 쉽게 이해되는 순간이 반드시 오기 마련입니다. 그런데 부모나 교사는 아이를 기다리려고 하지 않습니다. 부모나 교사가 아이의 속도에 따라가는 것이 중요한데, 어른들의 속도나 관점에 맞춰 아이를 채근하고 맙니다.

사실 앞서간다는 것은 중요하지 않습니다. 초등학교에서는 해당 학년의 내용을 그 해에 이해만 하면 됩니다. 그런데 많은 사람들은 비교하기를 서슴지 않습니다. 주위에는 또 왜 이렇게 '엄친아'들이 많은 걸까요? 소위 엄친아라 불리는 앞서가는 아이들을 기준으로 자신의 아이를 판단하면 우리 아이는 항상 패배자일 수밖에 없습니다. 어디를 가도 1등은 1명뿐입니다. 그 1등이 되지 못했다고 아이를 볶기 시작하면 집안이 시끄러워집니다. 여기에서 필요한 건 여유입니다.

아이에게 부족한 부분이 있을 수 있습니다. 그리고 우리에게는 방학이라는 절호의 기회가 있습니다. 해당 학년을 마친 겨울방학을 이용해서 부족한 부분을 보충한다면 문제는 해결됩니다. 3월 신학기가 되기 전까지 아직 해당 학년 내용을 공부할 기회가 있는 셈입니다. 그런데 부모의 생각은 반대입니다. 겨울방학엔 무조건 아직 배우지 않은 다음 학년 것을 준비해야 한다고 생각합니다. 그러니 마음은 바빠지고 아이에 대한 채근은 늘어나고 아이는 점점 수학을 싫어하게 됩니다. 배운 것을 소화하는 것은 당연할 수 있습니다. 하지만 사람에 따라 소화 능력에 차이가 있습니다. 그런데 하물며 배우지도 않은 것을 미리 소화해내라는 부모의 성화는 심하다는 생각이 듭니다. 억울한 사람은 아이일 뿐이잖아요.

모두 일어선 채로 영화 보기

어떻게 하면 선행학습을 적절히 비유할 수 있을까요? 많은 고민을 했습니다. 복잡한 이론이 아니라 부모의 마음에 와닿을 만한 예를 찾고자 했는데, 한참이 지나서 그 비유를 찾을 수 있었습니다. 바로 극장에서입니다.

저는 선행학습을 '다 같이 일어서서 힘들게 영화를 보는 것'이라고 생각합니다. 극장에서 영화를 보는 상황을 가정해보겠습니다. 편안한 의자에 등을 기대 느긋하게 영화를 보고 싶었습니다. 그런데 저런, 앞줄의 관람객들이 일어섰습니다. 둘째 줄에서 앉으라고 해도 소용없습니다. 할 수 없이 둘째 줄 관객도 일어섰습니다. 그럼 셋째 줄 관객도 일어나야 합니다. 넷째 줄, 다섯째 줄…. 결국 모든 관객이 일어나서 영화를 보게 됩니다. 이것이 바로 선행학습입니다.

나는 선행학습을 시키고자 하지 않았습니다. 편안히 극장에서 영화를 보고 싶었습니다. 그런데 주위의 일부가 선행학습을 시킵니다. 마음이 불안하고 초조해집니다. 앞에서 일어섰기 때문에 나도 일어서서 영화를 보아야 하는 상황이 벌어지는 겁니다. 물론 의자에 앉아서 편하게 보나 피곤하게 서서 보나, 영화를 본다는 것은 마찬가지일 겁니다.

그런데 왜 그런 수고를 감수하면서까지 피곤하게 영화를 보아야 할까요? 편안히 앉아서 영화를 보는 것이 훨씬 좋지 않은가요? 앉아서 영화를 보면 영화에 대한 집중도도 높아질 겁니다. 집중해서 보면 영화를 더 잘 이해할 수 있게 될 겁니다. 그런데 선행학습은 모든 관객이 일어나 영화를 보게 만듭니다. 힘들고 피곤한 결과를 초래하고 마는 것입니다. 선행학습의 폐해는 여기에서 끝나지 않습니다. 선행학습은 자칫 아이를 망칠 우려도 있습니다. 선행학습은 단지 일어서서 영화를 보는 것 이상의 문제를 낳고 있습니다.

정체된 도로에서, 대부분의 사람들은 자기 차로가 다른 차로보다 더 늦게 간다고 느낍니다. 4차선 도로인 경우 내 차로가 가장 빨리 갈 확률은 당연히 $\frac{1}{4}$밖에 안 되기 때문입니다. 나머지 $\frac{3}{4}$의 경우에서 앞서가는 차선이 있습니다. 상대적인 불안감이 밀려듭니다. 차로를 바꾸고 싶어집니다. 이 상황을 성적에 적용해보면 이렇습니다. 10%를 성적의 상위권이라고 한다면 나머지 90%는 상위권이 아닙니다. 그럼 불안해집니다. 이 불안이 또 다른 경쟁을 낳습니다.

TIP
'사교육걱정없는세상'은 이름 그대로 망국적인 사교육 문제를 해결하기 위해 모인 시민단체다. 수학 과목 사교육에 대한 본격적인 이해와 대책을 논의하기 위해 2011년 여름, '수학사교육포럼'이 출범되었다. 이 포럼에서는 선행학습 사교육, 영재교육이 유발하는 사교육, 대학 입시의 논술고사와 심층면접고사의 수학 시험문제가 유발하는 사교육 등을 조사하여 교육과학기술부와 해당 기관에 시정 조치를 요구하였다.

2011년 가을에 열린 '사교육걱정없는세상'의 '수학사교육포럼'에서 사교육 시장의 실태를 조사했습니다. 유아나 초등 저학년까지는 영어 사교육이 주를 이룹니다. 하지만 고학년이 되면 사교육은 수학으로 이동한다고 합니다. 이런 현상은 아이의 필요에 의해 나타나는 것이 아닙니다. 대부분의 경우 부모의 정보력과 판단에 의해서 결정됩니다. 수학 사교육이 정말 필요하다고 판단했기 때문에 아이를 학원에 보내는 것일까요? 냉정히 생각하면 그렇지 않습니다. 옆집 아이는 가는데, 우리 아이만 안 가면 뒤처질 것 같다는 불안감이 원인입니다. 이는 군중심리일 뿐입니다. 군중심리로 아이를 망치게 할 수는 없습니다. 변화에 휩쓸리면 아무것도 이룰 수 없습니다. 중요한 것은 변화를 주도하는 것입니다.

선행학습 불패 신화

사교육 시장만큼 부침이 많은 곳도 없습니다. 정부의 교육정책에 따라 문을 닫는 학원이 생기고 번창하는 학원도 생깁니다. 사교육 시장은 정글과 같습니다. 최근에도 사교육 시장은 크게 변화했습니다. 하지만 굳건히 자리를 지키고 있는 학원이 있습니다. 선행학습을 주로 하는 학원들입니다.

사교육 시장의 지각변동은 사교육과의 전쟁을 선포한 교육과학기술부가 영재교육원과 특목고의 학생 선발 방법을 변화시켰기 때문입니다. 영재교육과 특목고 입학을 내건 학원들은 몰락의 길을 걷게 되었습니다. 여기에서 선행학습을 시키는 학원이 살아남은 이유는 아직 선행학습을 법적으로 규제할 제도가 마련되어 있지 않기 때문입니다. 게다가 부모들의 인식도 한몫했죠. 부모들은 선행학습의 부정적인 측면을 알면서도 그것을 필요악으로 인식합니다. 때문에 선행학습의 부작용을 생각하기보다 무조건적으로 따라가려 합니다.

먼저 우리가 이야기해야 할 부분은 선행학습 사교육이 아닙니다. 선행학습 자체입니다. 선행학습이 효과가 없다면 선행학습 사교육도 힘을 잃게 될 것입니다. 결론을 미리 말씀드리자면 선행학습의 효과는 미미합니다. 선행학습을 보통 예습이라고 생각하는데, 선행학습을 한다고 예습이 되지 않습니다. 문제는 그뿐만이 아닙니다. 선행학습은 오히려 정상적인 학습을 저해하는 부작용을 낳고 있습니다. 선행학습은 보통 1년 이상 3년 정도를 선행하는 경우가 대부분입니다. 그런데 어떤 경우에는 초등학생이 고등학교 수학을 배우기도 합니다. 선행학습이 도대체 어디까지 갈지 걱정이 태산입니다.

그런데 여기에서 의문이 생깁니다. 국가 수준의 교육과정은 수학교육 전문가들이 학생들의 인지 발달 수준을 고려하여 만들었을 것입니다. 그 나이에 배워야 할 것을 배우게 했다는 말입니다. 그런데 그 수준을 넘어서 가르친다는 것은 선행학습이 아이의 발달단계와 맞지 않다는 것을 의미합니다. 이유식을 먹어야 하는 아기에게 비빔밥을 먹여놓고서는 우리 아기가 배탈이 났다고 걱정을 하는 상황입니다. 그런 부작용에도 불구하고 선행학습은 왜 끊이지 않는 걸까요?

선행학습형 사교육이 내세우는 가장 큰 논리는 고등학교에 대비해야 한다는 것입니다. 선행학습을 주장하는 사람들은 고등학교에서 배워야 하는 수학이 갑자기 많아진다고 말합니다. 갑자기 많아지고 어려워지기 때문에 미리 선행학습을 하지 않으면 고등학교 수학을 따라가지 못한다는 겁니다. 아무 생각 없이 들으면 고개가 끄덕여질 수도 있습니다. 하지만 냉철하게 판단해야 합니다. 부모의 판단이 아이의 미래를 만듭니다.

선행학습을 전문으로 하고 있는 서울 송파 지역 한 학원의 커리큘럼을 보겠습니다. 이 학원에서는 한 과정을 세 번 반복합니다. 한 과정을 세 번 반복한다는 것에 어떤 의미가 있을까요? 이것은 두 가지 의미로 해석이 가능합니다. 하나는 선행학습이 불완전하다는 증거입니다. 한 번의 학습으로 부족하니까 세 번씩이나 반복해서 학습해야 한다는 겁니다. 한 번에 이해하고 알았다면 똑같은 내용을 세 번이나 반복할 필요는 없는 겁니다. 그건 시간 낭비일 수 있습니다. 다른 하나는 사실 학습할 내용이 별로 없다는 뜻입니다. 선행학습은 미리 공부하는 것입니다. 그런데 세 번씩 반복했는데도 학원의 진도는 학교보다 빠릅니다. 이건 또 무슨 말일까요? 선행학습을 주장하는 근거가 고등학교 수학 내용이 너무 많아서 미리 준비해야 하는 거라고 했습니다. 그런데 어떻게 세 번을 반복할 수 있을까요? 결국 고등학교 수학 내용이 너무 많아서 선행학습을 해야 한다는 것은 거짓입니다.

천천히 3년간 해도 충분하게 학습할 수 있는 것을 미리 조급하게 앞당겨서 공부시키는 것뿐입니다. 다만 학원에 다니면 학교의 내신 시험 점수가 급격히 떨어지는 것을 방지해주는 효과가 있을 수는 있습니다. 그렇다고 좋아할 일이 아닙니다. 그 내용이 좋아할 만하지 않습니다. 학원에서는 중간고사나 기말고사를 앞두고 엄청난 문제 풀이의 폭풍이 몰아칩니다. 때문에 단기간의 암기력만 가지고도 학교 시험을 잘 볼 수는 있습니다. 하지만 이런 암기는 장기기억에 보관되기 어렵습니다. 결국 문제 풀이로 암기한 내용은 시험이 끝남과 동시에 사라진다는 말입니다. 문제 풀고 시험보고 까먹는 과정을 되풀이하게 됩니다. 중간고사나 기말고사처럼 범위가 좁으면 효과가 있다고 할 수도 있겠죠. 그럼 나중 입시는 어떻게 할 겁니까? 며칠 동안 폭풍처럼 문제를 풀어도 입시에 영향을 주지 못합니다. 책 몇 권을 범위로 삼는 수능 시험에서는 단기간의 암기 학습이 통하지 않습니다.

선행학습은 학생들에게 어떤 개념을 충분히 이해하도록 하지 않습니다. 대부분 단기적인 반복 학습에 의한 암기를 위주로 합니다. 반복 횟수를 늘린다고 해서 이해 불가능한 개념이 이해되는 것은 아닙니다. 수학의 개념을 이해하려면 나이에 걸맞은 지식과 상식, 사고력, 사회적 경험 등 여러 배경 지식이 필요합니다. 그러나 수학만 공부하는 것으로 그런 것들은 해결되지 않습니다. 선행학습으로 수학의 개념을 완전히 소화한다는 것은 거의 불가능합니다. 결국 단기간의 시험 성적을 위해 효과도 없는 학습법으로 오히려 입시를 망치는 길에 들어서는 것입니다. 그뿐만이 아닙니다. 선행학습은 또 다른 문제를 만듭니다.

선행학습을 한 아이는 수업 시간에 배운 내용을 자신이 이미 아는 것으로 착각하죠. 불완전한 선행학습을 했음에도 안다고 생각하는 겁니다. 안다고 생각하니 수업에 집중하지 않게 됩니다. 건성건성 듣고 있으니 개념을 이해할 수 없습니다. 개념을 이해할 기회를 선행학습 때문에 놓치게 됩니다. 문제는 또 있습니다. 교사는 학생들이 그 개념을 처음 배운다는 가정 하에 수업을 진행합니다. 그런데 일부 학생들의 선행학습 때문에 수업을 자신의 구상대로 이끌 수 없습니다. 즉 아이들이 선행학습을 하지 않았다는 전제 아래 수업을 진행해야 하는데, 선행학습을 한 학생 때문에 그렇게 하지 못한다는 이야기입니다. 물론 선행학습은 단기적인 암기이고 불완전한 개념을 갖게 하지만 일단 한 번 배운 아이가 있다고 생각하면 수업은 다른 방식으로 흘러가게 됩니다. 하지만 교실에는 선행학습을 한 아이들만 있는 것이 아닙니다. 엄연히 출발선이 다른 아이들이 존재하죠.

이런 경우가 발생하면 교사는 수업 구상을 바꿔야 합니다. 선행학습을 한 학생들을 고려하다 보면 수업 진행이 빨라지는 경우도 있습니다. 그러면 선행학습을 하지 않은 학생들이 피해를 보게 됩니다. 선행학습을 한 아이는 집중을 하지 않아 이해하지 못하고 선행학습을 하지 않은 아이는 수업이 너무 빨라 이해하지 못하는 상황이 됩니다. 결국 악순환이 반복되는 것입니다.

독일 등 유럽에서는 선행학습을 교사의 수업을 방해하는 행위로 규정하고 엄격히 금지합니다. 그리고 실제로 선행학습을 하는 아이가 발견되면 그 학년보다 상위 학년으로 월반을 시킵니다. 선행학습은 결국 학교 수업을 망치는 원인이 되고, 결국 학습은 단지 문제를 풀기 위해 필요한 공식이나 요령을 암기하는 것으로 흘러가게 됩니다. 이때는 선행학습을 한 아이도, 선행학습을 하지 않은 아이도, 수업을 이끌어야 할 교사도 모두 피해자가 됩니다. 그래서 선행학습을 피해자 양산 프로그램이라고 합니다.

선행하지 못하는 선행학습

지금 우리가 저축을 하는 것은 미래를 위해서입니다. 보험을 드는 것은 미래에 대한 불안 때문입니다. 선행학습을 하는 것도 미래의 성적을 위해서입니다. 선행학습이라는 보험이 더 좋은 성적을 보장할 거라 생각합니다. 그런데 선행학습은 저축이나 보험처럼 뭔가를 보장해주지 않습니다. 그리고 지금 예측할 수도 없습니다.

선행학습을 잘했는지 못했는지를 어떻게 평가할까요? 그때 가봐야 압니다. 지금 한 선행학습의 결과는 오늘의 성적표에 반영되지 않습니다. 선행학습을 위해 학원에 보냈고 많은 돈을 투자했지만 학교에서 배우는 진도와 학원의 진도가 다르기 때문입니다. 때문에 부모는 학원에 즉각적인 책임을 물을 수 없습니다. 선행학습에 대한 평가를 할 수 없기 때문에 부모가 기준으로 삼는 것은 당장의 중간고사나 기말고사 성적이 됩니다. 그것으로 학원을 평가하는 거죠. 그래서 아이의 현재 내신 성적이 떨어지면 부모는 학원을 갈아탑니다. 때문에 학원장들의 고민은 선행학습이 아니라 내신 성적에 있게 됩니다. 학생들이 중간고사나 기말고사를 치르고 나면 학원도 전쟁입니다. 그 결과에 따라 학생들이 대거 이동하기 때문입니다.

학원은 부모들의 환심을 사기 위해 학교의 정규고사도 철저하게 대비해줍니다. 대부분의 학원은 정규고사 전 한 달 정도를 내신 시험 대비 학습에 씁니다. 아이러니하게 선행학습을 위해 보낸 학원에서 현재 학교 진도에 더 많은 신경을 쓰는 셈이 되는 겁니다. 그런데 정규고사 대비에도 문제가 있습니다. 가장 보편적인 시험 대비법은 수학 교과서의 50쪽 정도에 해당하는 시험 범위에서 1,000~2,000개의 문제를 뽑아 풀게 하는 것입니다. 사실 교과서 50쪽 분량에 나오는 수학 개념은 기껏 50개를 넘을 수 없습니다. 실제로는 20개 정도도 되지 않습니다. 그리고 뒤에서 언급하겠지만 윌링햄이 말한 심층구조를 적용하면 이전에 배운 것과 연결되는 부분이 많아서 보통은 10개 이하의 심층구조만 이해하면 됩니다. 그럼 그 10개 정도의 개념을 이해시키는 것이 좋은 공부법이 될 겁니다. 그런데 그런 노력을 하지 않습니다. 1,000개 이상이나 되는 문제를 무작정 암기시키는 것이 사교육의 현실입니다.

사교육 쪽 사람들도 그걸 모를 리 없습니다. 그런데 왜 그런 식으로 공부를 시킬까요? 문제는 시간과 돈입니다. 10개 정도의 개념만 이해시키는 수업에는 시간이 많이 들지 않겠죠. 그럼 학원비와 학원 수업 시간이 문제가 될 수밖에 없습니다. 그리고 학원 강사들의 할 일도 줄어듭니다. 학원비와 학습법이 공생을 하고 있는 겁니다. 학원비를 많이 받는 방법, 공부를 많이 시키고 있는 것과 같은 착시 효과를 만드는 방법, 그 방법으로 학원은 살고 있습니다. 사교육이 살아남는 법이죠. 여기에 학부모의 부주의도 한몫하는 건 물론입니다. 학부모들은 보통 학원에 이렇게 말합니다.

"우리 아이는 왜 수학I 반에 넣어주지 않죠?"
"옆집 아이는 지난달부터 벌써 수학II를 나간다는데 우리 애는 언제?"
"미적분과 통계 기본은 3개월이면 되나요?"

대부분 학부모의 관심은 학습 이해에 있지 않습니다. 아이가 어떻게 공부하고 얼마나 많은 것을 이해했는지가 아니라 진도에만 신경을 씁니다. 그럼 어떤 문제가 발생할까요? 학원의 입장에서 선행학습은 대충 가르쳐도 그만입니다. 중요한 건 학교의 정기 고사입니다. 그러니 앞서 말씀드린 것처럼 선행학습 없는 선행학습 학원에 다니게 되는 겁니다. 게다가 더 큰 문제는 잘못된 공부 방법이 아이들의 습관이 된다는 점입니다. 아이들은 단기적인 암기 위주의 학습에 전념하게 됩니다. 정상적인 학습 습관 형성은 영영 멀어지고 맙니다.

이런 문제점은 공교육에서도 발견됩니다. 많은 학교들이 방과 후학교를 개설하고 있습니다. 그런데 냉정히 한번 묻고 싶습니다. 이것이 모두 순수한 교육적 소신에 의한 것일까요? 저의 대답은 회의적입니다. 관리자들은 책임을 회피하고 싶어 합니다. 책임을 회피하려면 무언가 변명거리가 있어야 합니다. 회피 장치가 필요한 거죠. 나중에 아이들의 성적이나 진학 결과가 나쁘게 나올 때 변명하기 가장 좋은 것이 "우리는 밤늦게까지 수업을 해줬다"는 한 마디입니다. 고3 수학 수업을 보면 수학 문제 하나하나를 정확하고 자세하게 가르치기보다 수학 문제집을 많이 푸는 데 초점을 맞추는 경우가 많습니다. 나중에 수능에서 학생들 성적이 나쁘더라도 "나는 문제집을 열 권이나 풀어주었다"고 발뺌하기 위해서는 아닐까요?

결론은 간단합니다. 선행학습 학원에서 선행학습은 뒷전입니다. 그럼 공부라도 제대로 시키느냐? 그것도 아닙니다. 잘못된 암기 위주의 공부로 아이들의 공부를 멍들게 합니다.

영재교육과 특목고

아이에게 가장 필요한 것은 무엇일까요? 부모의 허상이 아이들을 망치고 있는 건 아닐까요? 사랑이라는 이름으로 만들어진 틀에 아이들을 가두고 있지는 않나요?

영재교육에 대한 허상이 어린아이들을 영재교육으로 내몰고 있습니다. 아이들에게 가장 필요한 것은 책을 많이 읽고 여러 가지 고민을 하면서 사고하는 겁니다. 그런데 요령만 익혀 어려운 수학 문제를 푸는 전선으로 내몰리고 있습니다.

교육청에서 운영하는 영재교육원은 4학년에 시작됩니다. 그럼 이 영재교육원에 들어가려면 어떻게 해야 할까요? 3학년이 되기 전부터 준비를 해야 합니다. 때문에 영재교육을 위한 수학 사교육은 저학년에서부터 시작됩니다. 물론 아이들은 정상적인 교육과정의 수학 내용을 배우기보다 상급 학년의 것을 급하게 학습하거나 같은 학년의 것을 심화해서 배웁니다.

영재교육원의 교육이나 그것을 준비하는 것이 뭐가 나쁘냐고 반문할 수도 있습니다. 아이의 미래를 위해서 꼭 필요한 것처럼 생각할 수도 있습니다. 그래요. 영재교육 그 자체에 무슨 큰 문제가 있겠습니까. 그것이 나쁘다면 어떤 부모가 억지로 영재교육을 시키겠어요. 게다가 자신의 자식이 영재이기를 바라는 마음은 똑같잖아요. 그러니 영재가 아니어도 영재교육을 시키는 것이 크게 나쁠 것 없다고 생각할 수 있습니다. 그런데 문제는 그렇게 간단하지 않습니다.

처음의 영재교육은 진짜 아이의 영재성을 발견하고 거기에 걸맞은 교육을 시키고자 했습니다. 그런데 2000년대 들어 그 영재교육에 불이 붙습니다. 과학고등학교 입시에서 영재교육원 수료 실적에 가산점을 부여한 것입니다. 영재교육을 담당하는 국가기관이 영재교육에 대한 관심을 높이기 위해 과학고등학교에 권유를 했겠죠. 그리고 과학고등학교가 이것을 받아들이면서 영재교육은 엉뚱한 방향으로 흘러가게 됩니다. 또한 같은 시기에 각종 올림피아드 입상 실적에도 가산점을 주기 시작했습니다. 불난 데 기름을 붓는 격이 되었죠.

영재교육원 수료 실적과 수학·과학올림피아드 입상 실적으로 과학고에 특차 입학한 후에는 각종 특혜를 받으며 최상위권 대학들에 가볍게 진학할 수 있는 길이 주어졌습니다.

이렇게 영재교육은 영재를 기르기 위한 목적보다는 과학고 입시, 더 나아가서는 대학 입시, 그것도 최상위권 대학이나 의과대학에 가기 위한 실적 쌓기로 변질되었습니다.

외국어고등학교도 마찬가지입니다. 최근 언론 보도에 의하면 서울의 최상위권 대학들이 외고 출신들에게 내신의 불리함을 전혀 안기지 않고 '묻지마 입학'을 시켜주었습니다. 학생들은 외국어고등학교 A 외국어과로 입학하지만 학교를 다니는 동안 대학 입시와 무관한 A 외국어는 거의 배우지 않게 됩니다. 대신 대학 입시에 필요한 과목만 공부하여 최상위권 대학에 진학합니다. 또한 과거의 문과라고 분류할 수 있는 외고에서 이과인 의과대학에도 상당수 진학하는 기이한 일도 벌어집니다. 보도에 의하면 외고의 A 외국어과 졸업생 대부분이 A 외국어를 단 한마디도 하지 못했다고 합니다. 그럼 외국어고등학교는 왜 있는 거죠?

그래서 '자기주도학습전형'이 등장합니다. 외고의 이런 파행적인 운영을 고치기 위해 급기야 외고 자체의 선발권을 인정하지 않는 정책이 펼쳐집니다. 정부는 2011학년도 입학 전형부터 중학교 2, 3학년 4개 학기의 영어 과목 내신 성적만으로 학생들을 1차 선발하는 이른바 자기주도학습전형을 만들어 강제 시행했습니다. 과학고도 마찬가지로 2011학년도 입학 전형부터 정원의 최소 30%를 입학사정관에 의한 자기주도학습전형으로 선발하게

TIP
과학고 입학을 담당하는 교사를 초기에는 대학교와 마찬가지로 입학사정관이라 불렀으나, 대학과의 차별을 위해 최근 입학담당관으로 바꿔 부르게 되었다. 필자는 세종과학고 입학사정관 시절 초대 전국과학고 입학사정관 협회의 회장을 맡은 바 있다.

했습니다. 이 자기주도학습전형을 2012학년도 입학 전형에서는 50% 이상, 2013학년도 입학 전형부터는 100%로 확대했습니다.

외고와 과학고의 자기주도학습전형은 이제 사교육 시장을 흔들게 됩니다. 특목고 대비 학원들의 몰락이 시작됩니다. 그런데 이상하지 않나요? 특목고는 변함없이 존재하는데, 왜 특목고 대비 학원들은 없어질까요? 그것은 특목고 입시에서 지필고사 또는 지필고사와 다름없는 구술면접고사를 폐지했기 때문입니다. 게다가 영재교육원 수료 실적과 각종 올림피아드 수상 실적을 전혀 고려하지 않는 입학담당관 제도를 도입했습니다. 이것이 무슨 말일까요? 특목고 대비 학원이나 영재교육 전문학원들이 영재교육이 아니라 입시 대비 학습을 시켰다는 말입니다. 영재교육을 했다면 특목고 입시가 어떻게 되든 학원이 입을 타격은 없습니다. 그런데 입시 제도가 바뀌니 학원이 몰락하게 된 겁니다.

TIP
구술면접고사는 말이 구술면접일 뿐 지필고사와 다름이 없다. 수험생은 면접관 앞에 오기 전에 밀폐된 공간에서 시험지를 받게 된다. 상당 시간 동안 연필을 이용하여 주어진 문제를 해결한 결과를 면접관 앞에서 구술로 답할 뿐이다.

사교육 1번지라 불리는 강남구 대치동에서 과학고 입시 전문학원으로 최고의 명성을 날리던 학원장은 이렇게 말합니다.

"이제는 업종 전환을 해야 할 때가 된 것 같다."

씁쓸하게 들립니다. 원장도 씁쓸하겠지만 그런 교육을 시켰던 우리도 씁쓸해집니다. 그 원장의 말도 영재교육이라는 이름 하에 행해지던 사교육이 영재를 키운 것이 아니라 전적으로 입시 대비를 해왔음을 반증합니다.

이 학원장은 특목고 입시 대비 학습이 초등학교 4학년 때부터 중학교 3학년 때까지 6년간 벌어지는 장기 마라톤과 같다고 합니다. 이 시기에 많은 아이들이 정상적인 교육과정을 벗어난 매우 심각하게 어려운 문제들을 풀면서 견뎌야 합니다. 가장 큰 문제는 이해할 수 없이 어려운 문제를 푸는 요령을 암기하는 방식으로 밤새워 훈련 받는다는 겁니다. 사고력의 한계를 뛰어넘는 특수하고 엄청나게 어려운 문제들을 장기간 풀게 되는 거죠. 어려운 문제를 외워서 잘 풀면 사회에서 성공할까요? 수학 문제는 풀어도 사람 사이의 문제는 잘 풀지 못할 수도 있습니다. 그럼 행복할까요? 아이들은 철창 없는 감옥의 장기수 생활을 하고 있는 겁니다.

경시대회냐 경쟁대회냐

'수올'이란 말을 들어본 적 있나요? 아니면 '물올'이라는 말은요? 아이들이 드라마 제목을 줄여 부르듯 엄마들 사이에도 줄여 부르는 이름이 있습니다. '수올'은 '수학올림피아드'의 준말이고 '물올'은 '물리올림피아드'의 준말입니다. '물올'과 '수올'이라면 이런 대화도 빠지지 않습니다.

"영재학교 가려면 수올(수학올림피아드)에서는 당연히 금을 따야 하고, 물올(물리올림피아드)이나 화올(화학올림피아드)에서도 금 또는 은이 있어야 한대!"

"수올에서는 동 따기도 힘든데 물올로 돌려볼까?"

"수올에서 은 딴 것하고 물올이나 화올에서 금 딴 것 중 어느 것을 더 쳐줄까?"

"수올에서 금 딴 애들은 초등학교 4학년 때부터 영재교육 전문학원에서 살았대."

사실 이런 대화가 성행했던 것은 2000년부터 2010년까지입니다. 그러나 요즘도 경시대회의 열기는 수그러들지 않고 있는 것 같습니다. 특히 각종 수학경시대회가 성행하고 있죠. 여전히 말입니다. 제가 '여전히'라는 표현을 쓴 것은 경시대회의 성행이 여타 교육 부분과 다른 양상을 띠기 때문입니다.

현재는 과거와 달리 영재학교나 영재교육원, 그리고 과학고 입시에 경시대회 입상 실적이 전혀 반영되지 않습니다. 입학 전형에서도 경시대회와 비슷한 문제가 출제되는 것이 금지되어 있습니다. 그런데도 경시대회가 성행하고 있습니다. 입시와 관련이 없는 분야인데도 경시대회가 성행하는 이유는 무엇일까요?

경시대회를 치르는 이유 중 하나로 드는 것이 요즘 초등학교의 평가가 예리하지 않다는 것입니다. 초등학교에서는 평가 결과가 점수나 등수로 표현되기보다 '잘했어요!' 등의 문장으로 기술됩니다. 그리고 점수의 인플레도 심합니다. 100점을 받은 학생 수가 한둘이 아닌 경우도 많습니다. 그러면 학부모들은 묘한 감정을 느끼게 됩니다. 100점이면 1등입니다. 그런데 1등이 1명이 아니라 여러 명입니다. 뭔가 크게 기뻐해야 할 상황이 아닌 것처럼 느껴집니다. 하지만 경시대회에 나가면 메달의 색이 분명해집니다.

'금', '은', '동'으로 나뉘는 겁니다. 전국에서 금상을 받은 학생 수가 100~200여 명 정도라면 금상을 받은 우리 아이는 동네에서 최고임이 증명되는 것입니다.

본래 경시대회는 수학을 순수하게 즐기는 아이들의 머리를 겨루는 장이었습니다. 상급 학교 진학에 가산점을 준 이후로 그 순수성을 잃고 많이 퇴색되었죠. 하지만 입시 제도가 경시대회 성적을 반영하지 않으면서 다소 진정되는 듯했습니다. 그러나 부모들의 경쟁심리 때문에 경시대회는 누그러지지 않고 있습니다.

그럼 경시대회를 어떻게 보아야 할까요? 결론적으로 말하면 경시대회 참가는 얻는 것보다 잃는 것이 더 많을 수 있습니다. 가장 큰 이유는 경시대회에 참가하는 이유에 있습니다. 순수하게 참가하기보다는 입상 실적에 대한 욕심 때문에 참가하는 경우가 대부분이거든요. 어떤 아이에게나 한계는 있습니다. 그런데 경시대회에서는 그 한계를 벗어나는 문제를 억지로 풀어야 합니다. 이때 동원되는 방법이 문제의 풀이 과정이나 답을 무작정 암기하는 것입니다. 잘못된 공부를 하게 된다는 말입니다.

또 하나 원론적인 문제가 있습니다. 수학 교육과정에서 수학적 사고력이나 창의력을 요하는 과정은 모두 초등학교 수학에 몰려 있습니다. 초등학교 6학년부터 수학에서 문자를 쓰기 시작하고 중학교에 들어가면 문자를 본격적으로 사용하게 됩니다. 수학적 사고력이나 창의력의 발달은 문자를 써서 식을 구한 이후에는 별로 발달하지 않습니다.

문자를 사용하는 이유는 문제가 닥쳤을 때 수학적 사고력이나 창의력을 발휘하는 것보다 문제를 해결하는 방법이 쉽기 때문입니다. 경시대회가 아니라면 초등 수학의 정신에 충실하게 문자를 사용하지 않고 수학적 사고력이나 창의력을 기를 목적으로 고민할 겁니다. 하지만 같은 문제를 풀더라도 경시대회라면 얘기가 달라집니다. 상의 색깔을 눈앞에 두고 있는 대회에서는 성적이 우선입니다. 다양한 방법으로 고민하기보다는 답을 빨리 내는 쪽으로 움직이고 맙니다. 결국 역효과가 날 가능성이 높아집니다.

경시대회 참가, 좋습니다. 그런데 상을 타기 위한 참가는 반대합니다. 암기하는 공부법도 정녕 반대합니다. 대신 경시대회 문제집을 푼다면 가급적 문자를 사용하지 않고 풀도록 권합니다. 그럼 수학적 사고력과 창의력을 충분히 개발하는 효과가 있을 겁니다. '무엇'이 중요한 게 아니라 '어떻게'가 중요합니다.

수학영재 전문학원의 허와 실

영재 전문학원 중에는 수학영재 전문학원도 있습니다. 그럼 수학을 아주 잘해서 수학영재 전문학원에 보내는 경우를 생각해보겠습니다. 여기에서도 날카로운 관찰과 판단이 필요합니다.

영재 전문학원은 우리 아이의 부족한 영재성을 키우는 곳일까요? 아니면 이미 영재인 아이를 그냥 수용하고 있는 곳일까요?

수학영재 전문학원이라는 곳의 상당수는 아이를 영재로 키우지 못할 수도 있습니다. 영재 전문학원인데 왜 영재를 키우지 못할까요?

최근까지 유행했던 수학영재 전문학원의 주 아이템은 심화 문제 풀이입니다. 어려서부터 한국수학올림피아드(KMO) 스타일의

TIP
한국수학올림피아드(The Korean Mathematical Olympiad, KMO)는 대한수학회에서 주최하는 시험으로, 국제수학올림피아드(International Mathematical Olympiad, IMO)를 향한 첫발이 된다.

고도로 심화된 문제를 푸는 기술을 습득하게 하죠. 일부 특별난 학생은 이런 심화된 문제를 풀면서 자기의 능력을 충분히 키울 수 있지만 보통의 아이들에게는 쉽지 않습니다. 그래서 오랜 기간의 숙련이 필요합니다. 수학영재 전문학원에 다니는 이유는 일차적으로 과학고나 과학영재학교에 입학하기 위해서입니다. 다음은 최상위권 대학에 가는 것이 되겠죠. 극히 소수지만 아이의 사고력을 향상시킬 목적으로 보내는 분들도 있습니다. 그럼 영재 전문학원에서 가르치는 문제를 한 번 살펴보겠습니다.

1. 3284^{100}을 11로 나눈 나머지를 구하여라.
2. 양의 약수가 12개인 자연수가 있다. 이 자연수의 서로 다른 소인수는 3개이고 이들의 합이 20이라고 할 때, 이 자연수를 구하여라.

고작 두 문제지만 머리가 지끈거립니다. 웬만한 사람은 엄두도 못 낼 정도입니다. 그런데 놀라지 마시라. 이것이 초등학생이 풀어야 하는 문제입니다. 대부분의 영재 전문학원에서 다루는 문제는 초등의 교육과정을 넘어 대학 과정의 수학을 사용해야 하는 경우도 있습니다. 1번 문제가 여기에 해당됩니다. 두 번째 문제도 고등학교에서 다루는 개념을 사용해야 합니다. 도저히 이해하기 힘들고 어려운 문제를 그냥 풀라고 하는 겁니다.

영재교육의 목적은 아이의 영재성을 키워주는 겁니다. 그러나 학부모들의 목표는 영재성이 아니라 입시에 있습니다. 그러니 학원에서도 영재성을 키우기보다는 시험문제 풀이에 올인합니다. 앞서도 말했지만 아이의 가장 중요한 6년이란 시간을 단편적이고 심화된 문제를 푸는 데 사용해서야 되겠습니까? 그럼 아이는 어떻게 됩니까? 학습 기형아가 됩니다. 이 시기에 아이들은 사춘기를 겪습니다. 다양한 독서를 통해 이해력과 상상력, 표현력을 길러야 할 시기입니다. 친구들과의 만남을 통해서 의사소통 능력과 갈등을 극복하는 힘을 길러야 합니다. 그래야 성공적인 사회인이 될 수 있습니다. 그런데 그런 기본 소양을 갖추는 일에 시간을 낼 여유가 전혀 없습니다. 오로지 심화 문제 풀이에만 매달려 헉헉대고 달립니다.

고등학교에서 문과를 선택하는 아이의 상당수는 수학을 싫어하거나 기피합니다. 그런데 혹시 알고 있나요? 수학을 싫어하거나 기피하는 아이들 중 상당수가 초등 시절에 영재교육원 또는 영재 전문학원에서 수학 영재교육을 받았다고 합니다. 영재교육원 수업 장면을 보면 수학에 몰입하여 과제에 대한 집착력을 보이는 학생들은 일부입니다. 대부분의 아이들은 영재교육원 수료, 즉 스펙만이 목표인 듯 행동합니다.

다행인 것은 요즘 영재교육원 선발 방식이 변했다는 것입니다. 이른바 관찰추천제로 바뀌었습니다. 그래서 이제는 단편적이고 심화된 문제만 잘 해결하는 것이 전부가 아닙니다. 일상생활의 사물이나 상황을 수

TIP
관찰추천제는 영재교육원 선발 시험에 대비한 사교육의 성행을 방지하기 위해 만든 제도다. 학교에서는 학생을 최소 6개월에서 1년간 관찰하여 영재성을 판별한 뒤 추천하며, 이후에는 주로 서류 전형으로 대상자를 선발한다.

학적으로 볼 수 있는 능력이나 새로운 것을 수학적으로 생각해내는 창의성이 굉장히 중요해진 겁니다. 관찰추천제에서 아이의 리더십이나 인성까지 확인하려는 움직임도 있다고 하니 기대해보기로 하겠습니다.

그런데 아이들 중에는 정말로 수학에 뛰어난 경우가 있습니다. 선행학습을 해도 충분한 아이들입니다.

"우리 아이는 두 살 때부터 수를 세기 시작했어요. 네 살에는 덧셈과 뺄셈을 했고, 초등학교 들어가기 전에 이미 곱셈과 나눗셈을 끝냈어요. 초등학교 1학년 교과서를 시시하게 생각하는데 어떻게 지도할까요?"

"우리 아이는 수학 문제를 단순하게 풀지 않고 이상한 방법으로 푸는데 부모가 봐도 기발한 것이 많아요. 수학에 특별한 재능이 있는 것으로 보이는데 가만두면 재능이 썩을 것 같아 안타깝습니다."

교육학 이론에서도 이런 아이들은 별도로 전문가의 지도를 받는 것이 필요하다고 합니다. 그래서 정식으로 월반을 시키고 다른 아이들보다 초등학교를 빨리 졸업하기도 합니다. 10대의 나이에 대학원 진학도 가능합니다. 그건 수학만을 보았을 때, 불가능한 일은 아닙니다.

그런데 수학에 뛰어나다고 해서 이 아이가 수학만을 하고 살아야 할까요? 이 아이에게도 친구가 필요합니다. 정서적인 상태도 중요합니다. 심리적인 안정도 필요하죠. 이런 모든 것을 고려했을 때 10대의 나이에 대학원을 다니는 것은 나름의 문제를 야기할 수 있습니다.

2011년 6월, SBS의 〈그것이 알고 싶다〉에서 '영재들의 사춘기'를 방영했습니다. 1990년대에 미적분을 푼 초등 2학년 학생이 있었습니다. 세상이 떠들썩했죠. 그 학생이 지금은 20대 후반이 되었습니다. 적어도 국제적인 과학자나 수학자가 되어 있어야 하겠죠. 나중에는 크나큰 연구 업적으로 노벨상 후보가 될 테고요. 하지만 아닙니다. 그 학생은 지금 평범한 대학생일 뿐이었습니다.

2000년대에 신동이라고 소문난 학생도 있었습니다. 지금 대학원에 다니고 있습니다. 하지만 사춘기가 왔는데도 또래 친구들과 어울리지 못하고 나이든 형 · 누나들과 도서관에서 연구만 하며 살고 있습니다. 아이의 정서에 부정적인 영향을 미칠 것임은 분명합니다.

정상적인 학교생활은 무척이나 중요합니다. 월반을 하더라도 1년 정도면 족할 것입니다. 2~3년을 넘어가면 또래 친구를 사귀는 것이 쉽지 않습니다. 정서적 면에서 지적 능력을 뒷받침해주지 못하게 됩니다. 그럼 갈등이 생기기 마련이죠.

이런 아이들은 수학을 빨리 공부하게 하는 것보다 깊고 넓게 학습시키는 것이 바람직합니다. 같은 학년의 아이들과 똑같은 내용의 수학 개념을 공부하지만 심화의 정도를 조절하면 됩니다. 다양한 문제 해결 능력을 깊이 있게 경험할 수 있는 심화 교재를 지속적으로 학습하도록 배려하는 겁니다. 동시에 거기에 맞는 독서를 병행하는 것도 꼭 필요한 일입니다. 독서의 내용은 철학이나 역사, 사회 문제를 다룬 모든 책을 망라해야 합니다. 수학에만 올인하는 것이 아니라 정서적으로 풍부한 교양과 지식을 겸비한 인재로 키워나가야 합니다.

이제 결론을 내려야 할 때가 왔습니다. 선행학습이나 영재학원이 중요한 것이 아닙니다. 수학에서 중요한 것은 공부 방법입니다.

2하고 2를
곱하는 거지?
$\frac{1}{2} \div \frac{1}{2} = ?$
엄마,
$\frac{1}{2}$하고 2를
곱해야지.
수학사전

제4장

엄마표 수학

다른 사람의 도움을 받지 않고도 수학을 잘할 수 있다고?

교과서만 충실히 공부하면 수학의 개념을 이해할 수 있다고?

그럼 선생님의 역할은?

부모는 뭘 해야 할까?

부모의 수학 학습에 대한 신념과 태도는 자녀에게 그대로 이식된다.

사교육 없이 아이 스스로 공부할 수 있는 습관은 어릴 때 시작되어야 한다.

자기 주도적 학습 습관이 몸에 배도록 하는 데는 인내와 노력이 필요하다.

더 나아가 사랑하는 내 아이를 위해서

아이와 함께 수학 공부를 새로 시작하는 것은 어떨까?

부모는 흔들리는 갈대

소중한 것에 마음이 더 쓰이는 법입니다. 소중하기에 안타까운 겁니다. 하지만 소중하기 때문에 이성을 잃어서는 안 됩니다. 아이는 원석과 같습니다. 원석은 어떻게 가공하느냐에 따라 가치가 달라집니다. 아이는 어떻게 키우느냐, 어떻게 공부시키느냐에 따라 미래가 달라집니다. 하지만 오늘 우리 아이가 70점짜리 수학 성적표를 받았다면 어떨까요?

이 사건을 어떻게 받아들이느냐에 따라 아이의 미래가 달라질지도 모릅니다. 그렇습니다. 우리 아이가 수학에서 70점을 받았습니다. 그런데 더 충격적인 것은 같은 반인 옆집 아이는 딱 하나만 틀려서 95점을 받았다는 사실입니다. 우리 아이 수학 공부에 빨간불이 켜졌다고 생각할 겁니다. 앞에서도 말했듯이 참고 참았지만 학원이라는 카드를 빼듭니다. 그전까지는 자기 주도적으로 스스로 학습해도 충분히 따라잡을 수 있다고 생각했지만 말입니다. 학원에서 챙겨줘 받은 점수는 허상이라는 신념을 굳게 다져왔건만 말입니다. 70점이라는 숫자 앞에서 쉽게 무너지고 말 겁니다.

그런데 또 다른 경우도 있습니다. 공부를 열심히 하고 학교 성적에 이상이 없는데도 학원에 보내려고 하는 경우입니다. 무엇 때문이겠습니까? 경쟁심 때문입니다. 옆집 아이가 수학영재교육원에 다닌다는 소문에 불안함과 시기심이 불타오른 때문입니다. 마침 학원 전단지에서 영재교육원 입학에 대비한 수학반 모집 광고를 볼라치면 마음은 더 세차게 흔들립니다. 그 옆집 아이는 수학경시대회에 나가서 금상을 탔다더라, 수학영재교육원에 들어가지 못하면 바보라더라 등등 '카더라 통신'에 더 큰 욕심이 생깁니다.

> "초등학교에서는 선행을 하지 않더라도 중학교에 올라가면 선행을 해야 하나요?"
> "고등학교 가면 갑자기 수학이 어려워지고 양도 많아진다는데…."
> "수리 영역에서 2등급을 벗어나면 '인 서울(in 서울)'은 불가능하다면서요."

그 큰 유혹을 이기고 어렵게 초등학교 때까지 신념을 고수했습니다. 하지만 중학교에 가면 또 다릅니다. 중학교에서도 아이의 성적이 상위권으로 올라가지 않으면 부모는 흔들립니다. 설사 중학교 때까지 꿋꿋이 견뎌냈다 하더라도 대학 입시가 코앞에 닥친 고등학생이 되면 마음은 또 달라집니다. 수학 성적이 최상위권이 아니면 다급한 마음과 단기적인 처방이 필요하다는 생각에 사교육을 찾게 됩니다. 중학교 때까지는 대안교육을 시킨 부모 중 상당수도 고등학교 때는 사교육을 시켜야 한다고 생각합니다.

그럼 어떻게 해야 할까요? 아이를 사교육에 내모는 대신 집에서 부모가 아이를 관리해야 할까요? 그것도 쉽지 않습니다. 아이와 자주 다투게 되고, 아이를 믿지 못하여 감시하게 되고, 부모와 자식 사이가 쫓고 쫓기는 관계로 돌변하고 맙니다. 가족 간의 갈등이 걷잡을 수 없이 커질 수도 있습니다. 그럼 집안은 살얼음판을 걷는 분위기로 바뀔 겁니다. 그래서 초등학교 때가 중요합니다. 초등학교 때 제대로 수학을 공부해야 합니다.

초등학교에서의 수학 공부는 금방 따라잡을 수 있습니다. 초등학교의 수학 학습 내용이 그리 깊은 것도 아닙니다. 중학교에 가서 배울 것을 직관적으로 배우는 정도죠. 중학교에 가면 다시 정확하게 배우기 때문에 개념을 이해만 해도 큰 지장은 없습니다. 수학의 개념은 다양한 경험과 생활 속에서 폭넓게 받아들여야 합니다. 공식이나 알고리즘을 문자적이고 형식적이며 기계적인 암기 위주로 학습한 아이들은 중·고등학교의 수학 문제를 제대로 풀기 어렵게 됩니다.

앞에서 언급한 백분율이나 뒤에서 언급할 사다리꼴 넓이 외에도 단순 암기가 문제가 되는 경우는 많이 있습니다. 왜 곱셈을 해야 하는지를 모르면 중·고등학교에서 배우는 '경우의 수에서의 곱의 법칙'을 이해할 수 없게 됩니다. 포함제와 등분제로 구분되는 나눗셈의 상황은 맥락을 이해하지 못하면 막히게 됩니다. 그럼 어떻게 하냐고요? 지금부터 그 해법을 제시하려 합니다.

또래학습

가장 좋은 방법은 스스로 공부하는 것입니다. 스스로 공부하는 습관을 들이면 중·고등학교 생활이 행복해집니다. 그런데 억지로 시키면 시킬수록, 남에게 의지하게 하면 할수록 스스로 공부하는 습관은 갖기 어려워집니다. 사실 그걸 모르는 사람은 없습니다. 그게 가장 좋은 방법이라면 그렇게 할 수 있는 방법을 찾아야 합니다. 그냥 넋 놓고 있을 수만은 없잖아요.

아이가 혼자서 공부하기 싫어하면 친구와 함께하도록 해보세요. 같은 동네 아이들 중에서 친구를 만들어 함께 공부하는 자리를 만들어주는 것입니다. 아니, 대부분의 이웃집 아이들이 학원에 다니는데 동네에 아이들이 있을 수 있냐고요? 왜 그렇게 생각하시나요. 모든 아이들이 학원에 다니는 것은 아닙니다. 또 모두 학원에 다닌다고 해도 방과 후 내내 학원에 가 있는 것도 아니잖아요. 같이 공부할 또래가 눈에 띄지 않는다면 동네 아이들의 학원 스케줄을 조사해보세요. 분명 빈 시간이 있을 겁니다. 그럼 우리 아이와 시간별로 어울릴 수 있는 친구를 찾을 수 있습니다. 그렇게 해서라도 또래 친구를 찾아 집으로 초대합니다. 그렇게 하면 친구랑 어울리면서 공부할 수 있을 겁니다.

여기에서 의문이 드실 수 있습니다. 친구랑 공부하는 게 뭐가 그리 중요하냐고 물으실 수도 있습니다. 중요합니다. 중요하기 때문에 말씀드리는 겁니다. 학습의 특성상 교사나 어른들에게 배우는 것보다 친구에게 배우는, 즉 또래학습이 더 효과적이라는 연구 결과가 많습니다. 수학을 전공한 교사들은 아주 정확한 수학 용어와 학문적이고 추상적인 어휘를 주로 사용하여 설명합니다. 그러면 아이는 교사에게서 권위를 느끼게 됩니다. 때문에 그 가르침에 대해 의심을 가지거나 자기 나름의 의견을 제시할 생각을 하지 못합니다. 무섭거나 어렵게 생각하는 사람에게 조심스러운 것과 같습니다. 직장 상사가 틀린 말을 한다고 해서 바로 지적할 수 없잖아요. 그런데 아이들의 문제는 더 심각합니다. 의문을 제기하지 못하는 상황이 계속되면 의문 자체를 포기합니다. 즉 생각하기를 포기하는 겁니다. 그런데 내 또래 친구의 말이라면 어떨까요? 의문이 있으면 확실히 말할 겁니다. 또 또래 친구가 답을 가르쳐주면 은근히 자존심이 상할 수도 있습니다. 그것이 맞는지 스스로 확인해보고 싶은 생각이 들 겁니다. 공부에 도전적이 된다는 말입니다. 그래서 또래 친구와 공부하게 되면 자기 스스로 생각하게 됩니다. 이것이 바로 공부의 기본입니다.

그럼 어떤 또래 친구를 찾아야 할까요? 성적 차이가 많이 나는 친구보다는 우리 아이보다 조금 잘하는 친구가 좋습니다. 그런 친구가 아이에게는 훌륭한 학습 멘토가 됩니다. 그래서 같이 공부하다 보면 친구랑 실력이 같아지게 되지요. 그런 후에는 다시 또 조금 나은 친구를 찾아서 사귀게 하는 방식으로 개선해나가는 것입니다. 그럼 우리 아이의 성적은 동네의 최상위권 친구와 어깨를 나란히 할 수 있게 되겠죠.

친구와 공부하는 것에는 많은 장점이 있습니다. 친구랑 공부할 때는 대화를 많이 하게 됩니다. 의사소통의 기회가 많아지는 겁니다. 그리고 자기 것을 표현하는 기회를 많이 가질 수 있습니다. 많은 교육 효과가 있는 겁니다. 공부의 효과는 스스로 활동하고 표현할 때가 최고입니다. 또래학습은 그런 효과가 백배 발휘되는 방법입니다.

화이트보드가 선생님

아이의 수학 실력이 어느 정도인지는 성적표를 보면 알 수 있다고 생각합니다. 하지만 성적이라는 숫자로 우리 아이를 평가할 수만은 없습니다. 동경대 교육학과 교수였던 사토 마나부는 아이의 표현활동을 학습의 중요한 요소 중 하나로 꼽았습니다. 이해한다는 것은 곧 표현할 수 있다는 것입니다. 표현하지 못하는 것은 이해하지 못했다는 증거죠.

아이의 수학 공부를 제대로 점검하면서 공부까지 할 수 있는 기막힌 방법이 있습니다. 준비물이 필요합니다. 어마어마하게 비싸지 않은 화이트보드가 그것입니다. 자, 아이 방에 화이트보드 칠판을 하나 걸어주세요. 그리고 아이가 그날 수학 공부한 것을 칠판에 쓰며 엄마에게 설명하는 시간을 매일 가집니다. 2010년 EBS

에서 방영된 다큐멘터리 〈0.1%의 비밀〉에 나오는 장면입니다. 어떤 아이가 엄마를 자기 방에 불러 앉혀놓고 그 앞에서 마치 엄마를 이해시키려 설명하는 것을 볼 수 있습니다. 아이가 설명할 때 엄마는 그저 앉아서 들어주기만 해도 됩니다. 엄마가 그 내용을 꼭 알아야 할 필요도 없습니다. 다만 아이의 설명을 경청하면서 아이의 태도나 논리적인 부분을 판단해주면 됩니다. 사람은 자기가 잘 모르는 부분은 남에게 설명할 수 없습니다. 스스로 이해하지 못했다면 선생님처럼 칠판에 써가며 설명할 수 없습니다. 그래서 아이가 설명을 잘 마쳤다면 그 부분은 아이가 잘 이해했다고 믿어도 좋습니다.

이 방법은 특히 수학에 좋습니다. 수학 문제를 해결하는 과정은 지극히 논리적입니다. 개념을 정확히 이해하지 못하면 설명할 수 없습니다. 이 부분을 체크하면 아이의 수학 이해도를 판단할 수 있게 됩니다. 실제로 저는 수업 시간에 미리 칠판에 문제 풀이를 적어놓은 다음 학생들에게 문제를 설명하게 한 적이 있습니다. 미리 적어놓은 풀이를 이해하지 못했다 해도 읽을 수는 있죠. 그 정도도 꽤 괜찮은 방법이라고 생각했습니다. 그런데 어느 날 강원도에서 한 수학 교사의 수업을 관찰한 그 뒤부터는 학생들이 미리 칠판에 적지 않고 설명하면서 문제의 풀이 과정을 쓰는 방식으로 수업을 바꿔보았습니다. 이 과정에서 어떤 문제에 대해 이해가 부족하면 칠판에 나와서 설명하는 것을 꺼린다는 것을 알게 되었습니다. 문제를 정확하게 이해하지 못하면 설명할 수 없는 것입니다.

수학 문제를 직접 풀며 엄마 앞에서 설명하게 하는 것에는 여러 가지 좋은 점이 있습니다. 우선 엄마는 아이가 공부를 정확히 했는지, 쉽게 알 수 있습니다. 공부하면서 딴짓을 하고 있는지, 머릿속이 잡념으로 가득 차서 집중하지 못하고 대충 공부하고 있는지를 알 수 있게 됩니다. 거기에 아이는 적당히 공부하고 끝내던 습관을 버리게 됩니다. 설명을 해야 하기 때문입니다. 수학 개념을 확실하게 이해하고 설명하기 위해 아이는 깊이 있는 사고를 할 수밖에 없습니다. 더욱이 설명 방식을 고민하는 과정에서 수학적으로 효율적인 사고를 경험하게 됩니다. 그리고 이는 지적인 희열로 이어질 겁니다. 그 이후에는 수학 공부에 동기와 열정을 느끼게 됩니다. 평생 수학에 대한 자신감을 가질 수 있게 되는 거죠. 그리고 수학의 유용성을 깨닫게 될 겁니다. 화이트보드 하나로 엄청난 혁명을 이룰 수 있습니다.

화이트보드를 이용하는 것은 혼자 공부할 때 나타날 수 있는 단점을 극복하기 위해서입니다. 남에게 설명하지 않고 혼자 공부하면 정확히 이해되지 않아도 적당히 넘어가게 됩니다. 그것을 추측성 공부라고 합니다. 그러나 공부한 것을 남에게 설명하여 이해시켜야 한다면 상황이 달라집니다. 정확하게 이해하지 못하면 설명하기 곤란하다는 것은 경험을 통해서 쉽게 느낍니다. 설명하고 가르쳐야 한다면 명확하게 공부하게 됩니다. 즉, 추측성 공부보다는 확실성 공부를 하게 된다는 말입니다. 또한 설명하는 과정에서 머릿속은 논리적 정당성을 찾아 회전하게 됩니다. 설명하는 과정에서 논리가 더욱 명확해지는 경험을 하게 되는 겁니다.

학생들에게 수학 문제에 대한 질문을 받을 때 제가 강조하는 원칙이 있습니다. 어떤 문제를 들고 와서 전혀 모르겠으니 처음부터 풀어달라고 하는 것은 엄금합니다. 그 문제는 지금 당장 설명해줘도 풀 수 없습니다. 학생 스스로가 조금이라도 손을 대본 후에 가져오게 합니다. 그때도 그냥 질문하지 말고 본인이 푼 과정을 가져와서 어디까지 어떻게 풀었는지를 설명해달라고 합니다. 그러면 질문하려던 학생이 갑자기 "아! 됐어요." 하고 거두어가는 경우가 있습니다. 혼자서 공부할 때는 막연하던 것이 명확해진 겁니다. 설명하려는 과정에서 두뇌의 논리는 정연해집니다. 표현하는 기회를 계속 제공하면 두뇌에서 사고하는 경험이 많아져 사고가 깊어집니다. 그럼 다른 문제에 대한 이해도 빨라지겠죠.

꼭 화이트보드가 아니어도 됩니다. 중요한 것은 아이에게 표현할 기회를 준다는 것입니다. 오늘 학교에서 아이가 6시간 동안 수업을 받았다고 생각해보죠. 1시간 수업은 40분이니 총 수업 시간은 240분이 됩니다. 학급에 30명이 있었을 경우, 선생님이 한 마디도 하지 않고 모든 수업 시간을 아이들의 발표 시간으로 배정했다고 해도 아이들의 발표 시간은 평균 8분밖에 되지 않습니다. 하루 종일 학교에서 자기 스스로 표현한 시간이 고작 8분입니다. 학교 수업에서 충분하게 학습되지 않는 것을 어떻게 이해할 수 있을까요? 아이들의 학습은 그냥 남의 말을 듣는다고 이루어지지 않습니다. 자신이 배운 내용을 충분히 익혀서 남에게 표현하는 데까지 가야만 합니다. 그런데 그럴 기회가 없습니다.

집에서 아이에게 수학을 표현하게 하는 것은 그래서 단순한 작업이 아닙니다. 대단히 중요한 공부입니다. 30분 정도라도 아이가 그날 배운 수학 내용을 표현하는 기회를 주어야 합니다. 그 30분은 하루 종일 수업한 것보다 몇 배의 효과를 냅니다.

명심할 일은 이때 부모가 아이를 가르치려 하면 안 된다는 것입니다. 이것은 아이의 표현 시간을 줄여 또다시 아이의 이해를 방해합니다. 그럼 아이는 다시 수동적인 학교 수업 시간으로 돌아가고 말 겁니다.

수학사전과 수학일기

수학사전에 대해 들어보신 적이 있나요? 아이가 혼자서 스스로 공부할 때, 그리고 부모가 수학 공부를 할 때 꼭 필요한 것이 수학사전입니다. 제법 두꺼운 초등학생용 수학사전을 구비하실 것을 권해드립니다.

왜 수학사전이 필요한지 궁금하시죠. 수학사전은 수학 개념을 자세히 풀어서 설명합니다. 어려서 싫어했던 수학의 여러 개념도 쉽게 이해할 수 있습니다. 수학 개념 모두를 일일이 외우는 것은 어렵잖아요. 때문에 아이를 지도하면서 틈틈이 찾아볼 수 있도록 집 안에 두고 보시면 됩니다. 이게 이유의 전부는 아닙니다. 더 중요한 이유가 있습니다.

영어 공부의 시작은 단어를 찾는 것입니다. 문장에 포함된 일부 단어의 뜻을 모른다면 그 문장을 해석하기 어렵습니다. 그런데 영어 공부에서는 이런 말을 자주 합니다. 사전만 많이 찾아보아도 영어 실력이 는다고요. 실제로 단어만 찾아도 부족한 영어 실력이 메워지고, 문장의 해석이 가능해집니다.

그럼 수학 공부의 시작은 무엇일까요? 수학의 개념과 용어입니다. 개념과 용어를 이해하지 못하면 주어진 문제를 풀 수 없습니다. 무슨 문제를 냈는지도 모르는데 어떻게 문제를 풀겠습니까? 그러니 수학사전을 장만해서 아이가 수학 공부를 할 때 가까이 두고 필요한 순간에 찾아볼 수 있도록 배려해주는 것이 좋습니다. 엄마가 아이를 가르칠 때도 수학 개념이 헷갈릴 수 있습니다. 수학사전에서 바로 찾아 아이에게 설명해주는 겁니다.

또 하나 권해드리고 싶은 방법이 있습니다. 일기입니다. 일기 쓰는 일이 좋다는 건 모두 알고 계실 겁니다. 그런데 그냥 일기가 아니라 수학일기입니다. 기존의 일기에 추가해도 좋을 겁니다. 수학일기란 수학에 관련된 내용을 소재로 자신이 겪은 일이나 생각이나 느낌을 기록하는 활동을 말합니다. 수학일기를 쓴다고 수학 실력이 높아진다는 보장은 없습니다. 하지만 수학 공부가 즐거워집니다. 즐거워지면 수학 실력도 높아지지 않을까요?

그런데 문제는 아이들이 일기 쓰기를 싫어한다는 사실입니다. 매일 쓰는 보통 일기도 제대로 쓰지 않는 아이에게 수학일기를 쓰라고 하면 당장 짜증을 내거나 거부할 수도 있겠죠. 초등 수학 교사들이 쓴 《수학일기 쓰기》에서는 수학일기를 매일 쓰기보다는 쓸 거리가 있을 때에 한해서 쓰도록 하는 것이 좋습니다. 아이들이 수학일기에 모르는 부분이나 어려운 문제를 적어놓았다면 부모가 직접 피드백을 하는 것이 좋고요. 이것은 수학 문제집을 채점해주는 것보다 수월하지만 더 많은 효과를 얻을 수 있는 방법입니다. 아이들은 수학 문제의 맞고 틀림을 엄마한테 검사 받는다고 생각하지 않을 겁니다. 오히려 엄마가 자신이 가지고 있는 수학에 대한 고민을 이해해주고 공감해준다고 생각할 겁니다. 그럼 아이는 더 용기를 얻게 되겠죠. 다음 일기를 한번 보실까요.

날짜 : 2012년 12월 5일 수요일 | 날씨 : ☀ ☁ ☂ ✳

제목 : 실수박사

이번 학기 마지막 단원 평가 수학 시험에서 76점을 받았다. 그렇게 죽어라고 공부했는데 겨우 76점이라니!!! 최악의 점수였다. 솔직히 완전히 몰라서 못 푼 문제는 딱 하나였는데, 이런저런 실수로 6개나 틀렸다.
엄마는 실수도 실력이라고 하셨다. 나의 수학 실력이 고작 76점이란 말인가? 갑자기 열이 받는다. 눈물도 왈칵 솟았다. 시험을 볼 때는 잘 푼 것 같았는데 막상 점수를 받으면 항상 내가 생각한 것보다 낮은 점수가 나온다.
나는 나름대로 수학 공부를 열심히 한다고 하는데, 수학 점수가 좋지 않아 별로 공부도 안 하는 것 같은 친구와 같은 취급을 받는 것이 싫다. 왜 나는 실수를 많이 할까? 내 공부 방법이나 시험 태도 등에 무슨 문제가 있는 것 같다.

같이 생각해봐요

수학 공부 방법, 시험 태도에 문제가 있는 것 같다면, 무엇이 문제인지 지금부터 함께 찾아보자꾸나. 네가 너의 학습 방법에 대해 고민하고 더 잘하고자 하는 마음을 갖고 있다니, 그 마음가짐은 이미 누가 보아도 100점이야^_^ 화이팅!

일반적으로 이런 상황이 생기면 부모들은 무작정 아이들을 학원이나 과외에 맡기려고 할 겁니다. 그러나 직접 수학을 가르치지 않더라도 수학에 대해 같이 얘기하고 아이들의 설명을 듣기만 해줘도 아이들의 수학 공부에는 상당한 도움이 됩니다. 자녀가 수학일기 쓰는 것을 관찰하고 자녀의 수학일기를 읽어보면서 자녀가 어려워하는 부분에 공감해보세요. 자녀가 알고 있는 것을 표현하도록 유도한다면 그것 자체가 훌륭한 피드백입니다. 학창 시절 수학에 대한 추억이 좋지 않더라도 어른이 되면 수학에 대한 이해가 빠르기 마련입니다. 그리고 아이가 이미 고민을 한 것이므로 엄마가 시간을 내서 인터넷 등을 참고하면 아이들의 수학적인 애로를 해결할 수 있습니다. 이웃집 엄마와 서로 의논하는 것도 좋은 방법이겠죠.

수학 문제를 해결하기 위해서는 수학적인 지식이나 기능이 필요합니다. 하지만 이것보다 중요한 것은 수학에 대한 아이의 생각과 태도입니다. 수학일기는 아이에게 수학에 대한 관심과 긍정적 태도를 만들어줄 겁니다. 물론 이해력과 상상력, 그리고 표현력도 같이 쑥쑥 클 겁니다.

수학도 유전된다

사실 수학이라면 지긋지긋하시죠. 그러나 어쩌겠습니까? 세상이 수학이니 비켜 갈 수도 없습니다. 수학 전공자가 아니라면 대부분의 부모들은 수학에 부정적일 겁니다. 고등학교를 졸업한 이후 수학 교과서를 다시 펼쳐볼 일도 없었을 겁니다. 기억을 떠올리는 것조차 악몽이라고 생각할 수도 있습니다. 그게 꼭 수학 점수가 좋지 않았기 때문만도 아닐 겁니다. 살면서 별 효용을 느끼지 못한 탓도 있겠죠. 학창 시절 자신을 괴롭히던 수학을 아이에게 강조하는 자신의 모습에서 이율배반을 느낄 수도 있습니다.

그런데 부모가 수학을 좋아하지 않고, 수학 공부에 대한 필요를 느끼지 못하는데 아이에게 수학 공부를 강요할 수 있을까요? 단지 상급 학교 진학 때문에 수학 공부를 강요하면 아이는 수동적인 자세가 됩니다. 중요한 건 수학을 억지로 공부하게 하는 것이 아니라 수학을 좋아하게 만드는 것입니다. 그런데 아이들은 눈치가 빠릅니다. 부모가 수학을 좋아하지 않는다는 것을 직감으로 금방 알아차리죠. 시험 점수나 상급 학교 진학 문제를 말할 때 외에는 수학에 대한 얘기를 거의 하지 않는 부모에게서 아이는 수학이 그저 진학을 위한 과목이구나 하고 생각할지도 모릅니다. 그래서 부모의 수학에 대한 태도 변화가 필요합니다. 그건 어쩌면 코페르니쿠스적 변혁만큼 어려운 일일 수도 있습니다. 태양이 지구 주위를 돈다는 천동설을 믿고 있는 상황에서 지구가 태양을 돈다고 말하는 것과 같습니다. 하지만 부모가 변하지 않으면 아이도 변하지 않습니다.

부모가 수학의 중요성을 깨닫게 되면 저절로 수학에 대한 긍정적인 생각이 생길 겁니다. 시험 점수를 계산할 때 말고도 일상생활에서 수학을 적용하는 상황이 늘어나게 됩니다. 자연스럽게 수학의 중요성을 강조하는 일도 많아집니다. 아이가 이런 긍정적인 환경에서 수학 공부를 하게 하는 책임은 부모에게 있습니다.

대부분의 엄마들은 아이에게 직접 수학을 가르치고 싶어 하지 않습니다. 수학 문제가 쉽지 않다고 말합니다. 핑계일 수도 있지만 대부분 학창 시절 본인의 수학에 대한 추억이 좋지 않은 탓입니다. 그런데 부모가 되기 위해 그렇게 많은 교양이나 상식을 쌓으면서 수학 공부만 하지 못할 이유가 있을까요? 소설가 김정희 씨는 중학교 때부터 수학을 싫어했다고 합니다. 그런데 우연히 대학 졸업 이후에 중학교 수학 책을 보게 되었다고 합니다. 이상하게 그리 어렵다는 느낌이 없었답니다. 오히려 그 정확한 논리에 빠져서 날마다 수학 책을 보고 싶어서 견딜 수가 없었다네요. 수학적 능력이 그만큼 발달했기 때문은 아니라고 생각합니다. 나이를 먹고 많은 경험을 쌓으면서 사람의 시야는 넓어집니다. 그간 단지 선입견 때문에 시도를 하지 않은 것뿐입니다. 시도해보면 생각보다 쉽다는 것을 느끼게 될 것입니다.

결혼 전에는 요리 책을 보고 살림살이에 대해서도 고민합니다. 아이를 가지면 태교를 위해서 많은 공부를 합니다. 육아를 위한 공부도 많이 합니다. 이제 아이가 초등학생이 되면 초등학교 수학 공부를 좀 해야 하지 않을까요. 아이를 위해서라면 물불 가리지 않고 애쓰며 노력하는 정성이 있잖아요. 그 노력과 정성의 10분의 1만 투자해도 초등학교 수학 개념은 쉽게 이해됩니다. 사실 초등학교 수학은 우리 생활 곳곳에 녹아 있어 어른이 되면 그 필요성을 더 쉽게 느낄 수 있습니다. 때문에 아이에게 수학의 필요성과 중요성을 더 쉽게 설명할 수 있게 됩니다. 그럼 왜 수학을 배워야 하는지 알게 되고 수학 학습에 대한 동기가 유발될 겁니다.

중국의 유명한 학부모인 인젠리는 부모도 아이가 배우는 수학을 똑같이 공부하라고 말합니다. 그래서 수학을 공부한 날 저녁에 1시간 정도 그날 학교에서 배운 내용을 같이 복습하라고 말합니다. 물론 부모도 똑같은 진도를 낮에 공부해둔 상태여야 합니다. 이때는 가르치려 하지 말고 아이가 배운 것을 설명하도록 하기만 하면 됩니다. 오히려 부모가 이해되지 않는 내용이 있다면 금상첨

화입니다. 엄마가 잘 모르니 설명해달라고 자연스레 아이에게 물어볼 수 있기 때문입니다. 이때 아이가 부모를 이해시키는 경험을 한 번만이라도 하게 되면 이후 아이의 학습 태도는 180도 변합니다. 학교에서 수업을 들을 때 엄마가 물어볼 것을 대비해 집중하게 되는 것은 물론 나름의 설명 방법까지 고민하는 경지에 이르게 되는 겁니다. 이후에는 공부에 대한 걱정은 하지 않아도 됩니다. 그러나 아이를 체크할 목적으로 알면서도 모르는 척 물어봐서는 안 됩니다. 엄마가 나를 시험하려 한다고 생각하게 되면 효과가 사라지기 때문입니다. 그러니 순수하게 동심으로 돌아가서 아이랑 친구처럼 공부하는 자세가 필요합니다.

'사교육에 의존하지 않고 자녀 교육하기'라는 교육과학기술부 수기 당선작을 쓴 학부모 김민숙 씨는 아이가 4학년 때까지 끌찌를 했지만 직장 때문에 어찌할 수 없었습니다. 그러나 아이가 5학년이 되었을 때부터 전철에서 틈틈이 수학을 공부하여 아이의 수학 학습에 큰 도움을 주었습니다. 아이는 그 이후 고등학교까지 수학 학습을 성공적으로 해내고 있습니다. 고등학교 수학은 무리일 수 있지만 중학교 수학까지는 부모가 같이할 수 있습니다. 15세짜리가 이해하는 것을 어른인 내가 이해하지 못하겠습니까? 이해하지 못할 거라는 생각은 과거 수학에 대한 안 좋은 추억이 만든 허상일 뿐입니다.

어려서 또는 학창 시절에 어렵게 느껴졌던 수학 문제도 어른이 되면 훨씬 쉽게 풀립니다. 그것은 수학적 문제 해결 능력이 향상

된 탓이 아니라 문해 능력(literacy), 즉 문맥에 대한 이해력과 배경지식이 늘어났기 때문입니다. 그리고 '내가 부모'라는 책임감을 가지고 초등학교나 중학교 수학 책을 보면 해결되지 않는 문제가 거의 없습니다.

이제 구체적인 방법으로 넘어가죠. 일단 아이와 똑같은 책을 구입합니다. 그리고 아이의 학교 수업 진도에 맞춰서 아이는 학교에서, 부모는 혼자서 공부합니다. 그리고 저녁에 1시간 정도 같이 공부하며 대화하는 겁니다.

여기에서 두 가지 상황이 벌어질 거예요. 첫 번째는 아이가 이해하지 못한 부분에 대해 부모에게 설명해달라고 하는 경우입니다. 그런데 이보다는 두 번째 상황, 즉 반대의 경우가 더 효과적입니다. 부모가 모르는 부분이 생긴 거죠. 이때는 감출 필요가 없습니다. 아이에게 설명해달라고 하세요. 부모에게 설명하는 과정에서 아이는 두 가지 효과를 얻습니다. 먼저, 개념을 더 정확하게 정리합니다. 이것만 해도 어마어마한 효과입니다. 그런데 더 큰 효과가 있습니다. 아이가 공부하면서 부모가 물어볼 것에 대비하는 것입니다. 그러면 대충 공부하지 않겠죠. 집중하여 정확하게 설명할 수 있는 데까지 공부하게 됩니다. 이건 정말 엄청난 사건입니다. 아이가 억지로 공부하지 않아요. 부모를 가르치기 위해, 남에게 설명할 수 있을 정도로, 개념 이면의 아이디어까지 철저히 파헤치며 공부합니다. 와! 정말 최고의 학습법이 아니겠습니까?

초등 수학 따라잡고 중학교까지

엄마가 초등 수학 따라잡는 방법, 단도직입적으로 이야기하겠습니다. 우선 아이의 교과서를 두 권 구입합니다. 하나는 아이 것, 하나는 엄마 것입니다. 자, 다음엔 아이의 수업시간표를 들여다봅니다. 대부분 수학은 일주일에 4시간 정도 배정되어 있습니다. 수학 수업이 있는 날 저녁, 그날 배운 것을 복습한다는 의미로 아이와 함께하는 시간을 마련합니다. 30분에서 1시간 정도면 충분합니다. 하지만 재미가 붙으면 2시간도 훌쩍 흐릅니다.

엄마와 아이가 함께 공부하기 위해서는 집에서 하는 공부의 개념을 잘 잡아야 합니다. 기본적으로 집에서의 공부는 학교 수학 수업에 대한 복습입니다. 아직 아이가 배우지 않은 것에 대한 예습은 이해가 쉽지 않기 때문에 섣불리 하지 않는 것이 좋습니다. 대신 복습을 빼놓지 않고 하는 겁니다. 그럼 굳이 예습을 하지 않아도 문제가 되지 않습니다. 그리고 엄마는 낮에 시간을 내서 그날 배울 진도를 공부해두어야 합니다. 여기에서 공부의 목적은 아이가 그날 학교에서 배운 내용을 전혀 이해하지 못하는 경우를 대비하는 것입니다. 절대로 아이를 끼고 가르치려는 게 아니라는 걸 분명히 이해해야 합니다. 어른은 혼자서 많은 것을 이해할 수 있습니다. 그렇다고 완벽하게 이해하려고 할 필요는 없습니다.

저녁에 아이와 할 일은 그날 배운 수학 책의 내용을 엄마에게 차례로 설명하게 하는 겁니다. 아이가 그날 배운 것을 엄마에게 설명할 줄 안다면 더 이상 바랄 게 없습니다. 왜냐하면 아이가 그날 배운 것 중 이해하지 못하는 것이 있다면 절대로 엄마에게 설명할 수 없을 테니까요. 표현이나 설명이 다소 어설플 수도 있습니다. 그렇다고 바로 개입하려고 해서는 안 됩니다. 아주 잘못된 개념이나 생각이 아니면 엄마의 역할은 들어주는 것으로 충분합니다.

많은 경험담들은 부모가 초등학교 수학을 가르칠 수 있음을 증명합니다. 저는 여기에 한 가지를 덧붙이고 싶습니다. 중학교 수학까지 부모가 함께할 것을 강력하게 주장합니다. 머리를 흔들지 마세요. 부모가 직접 가르치는 것이 아니니까요. 함께 해주라는 겁니다. 사실 중학교 수학의 내용은 초등학교의 연장선으로 보아도 무방합니다. 초등학교 수학이 다소 직관적이고 산술적이라면,

중학교 수학은 대수적이라고 할 수 있습니다. 아이들은 초등학교 수학을 산술적으로 이해합니다. 그러나 부모들은 성인입니다. 산술적인 이해에 그치지 않고 대수적인 이해, 즉 일반화가 가능합니다. 그래서 부모들이 초등학교 수학을 섭렵했다면 중학교 수학은 이미 공부한 거나 다름없습니다. 게다가 부모들은 중학교, 고등학교 수학을 한 번은 공부한 적이 있잖아요. 비록 되돌아가고 싶지 않겠지만 자식을 위해서 과거의 기억쯤은 되살릴 수 있잖아요. 때문에 중학교 수학을 자녀와 함께할 수 있다는 것이죠.

TIP
'산술적'과 '대수적'은 상대적인 말이다. 문자로 둘을 쉽게 구분할 수 있다. 문자를 사용하지 않으면 산술적이다. '어떤 수에 0을 더하면 그 수는 변하지 않는다'는 문장은 '●+0=●'이라는 식으로도 표현할 수 있다. 이것이 중학교에 가면 'α+0=α'로 일반화된다. '대수(代數)'는 수 대신 문자를 사용한다는 뜻이다.

중학교 3학년 수학 내용은 인수분해와 피타고라스의 정리, 삼각비 등으로 요약됩니다. 그 시절에는 처음부터 수학에 대한 거부감이 있었기 때문에 싫고 어려웠을 겁니다. 하지만 아이를 사랑하는 마음이라면 긍정적인 태도를 가질 수 있습니다. 그럼 이해도 훨씬 수월할 것입니다. 중3 수학이 아무리 어렵기로 우리 인생살이보다 더하겠습니까? 성인이 되어 사회에 적응하고 아이를 키우면서 겪는 고난을 생각한다면 중3 수학이 더 이상 어렵지 않을 것입니다.

아이가 고등학생이 되면 이제 직접 가르치지 않아도 됩니다. 그건 정말 무리입니다. 그보다는 중학교를 졸업하기 전까지 아이의 수학에 대한 자기 주도적 학습 능력을 키워주는 것이 중요합니다. 그 다음은 혼자서도 잘해낼 수 있습니다. 중학교까지만 부모가 신경을 써주면 문제는 저절로 해결됩니다.

시간이 나면 문제집도 괜찮다

부모들은 아이 교육에서 늘 갈증을 느낍니다. 교과서가 가장 좋다는 것을 알면서도 왠지 불안한 거죠. 그럼 문제집 한 권 정도를 더 풀게 하는 것도 괜찮습니다. 물론 여기에도 전제가 있습니다. 부모가 함께해야 한다는 겁니다.

문제집은 학교에서 배우는 것이 아닙니다. 아이와 함께 진도를 정해서 풀어나가는 것이 좋지만 학교 진도를 앞서기보다는 복습과 연습 차원에서 풀게 해야 합니다. 그리고 시간이 허락하는 범위에서 한 문제를 여러 번 풀며 다양한 풀이 방법을 찾아야 합니다. 그래야 잠재 능력과 창의력을 키우는 효과가 있습니다.

교과서에 비해 문제집은 이론적인 개념 설명이 부족합니다. 그것 때문에 아이가 어려움을 느낄 수도 있습니다. 그리고 부모가 아이보다 더 많이 틀릴 가능성도 있죠. 부모나 아이 모두 풀이집을 최대한 멀리하고 공부해야 합니다. '풀이집 안녕!'을 선언해야 하는 겁니다. 이때는 부모가 불리해질지도 모릅니다. 그런데 오히려 이런 환경이 아이의 공부에 도움이 됩니다. 부모가 모르는 문제가 나올수록 좋다는 말입니다. 그런 경우가 생기면 체크해두었다가 저녁에 아이에게 물어보면 됩니다. 다행히 아이가 그 문제를 풀고 설명할 줄 안다면 더 이상 바랄 게 없습니다. 부모에게 문제를 설명하고 이해시키는 경험이 많아질수록 아이의 학습 태도가 바뀝니다. 학교에서 수업을 들을 때도 수동적인 입장에서 억지로 공부하는 것이 아니라 목표 의식이 뚜렷하기 때문에 집중력이 강해집니다. 아이도 잘 몰라 설명하지 못하는 경우 하루 이틀 더 공부해서 설명해달라 말하고 기다려주는 것이 좋습니다.

아이가 자기만의 공부를 할 때와 부모를 가르치려는 의도를 가지고 공부할 때, 그 과정과 결과가 전혀 다릅니다. 남을 가르치려는 의도를 가지는 것이 교사의 심리 상태입니다. 아이가 그런 심리를 가지면 문제를 보는 시야가 넓어집니다. 그럼 풀지 못하는 문제가 거의 없게 되죠. 그리고 아이의 표현력 향상은 중학교 이상에서 요구하는 수학의 증명 능력과 논리적 사고력을 키워주는 지름길입니다.

수학에서 이런 학습 태도를 가지게 되는 것은 수학으로만 끝나지 않습니다. 가장 어려운 수학을 자기 주도적으로 공부하는 습관과 방법은 나머지 과목에도 영향을 줄 것입니다. 그럼 우리 아이가 전 과목 우등생도 될 수 있습니다.

연산 연습의 딜레마

저는 강연을 많이 합니다. 그런데 강연 중에 공통적으로 많이 받는 질문이 있습니다. 그중에 빠지지 않는 질문이 연산 연습과 관련된 질문입니다.

> "연산 연습은 어느 정도 시켜야 하나요?"
>
> "연산은 정확성과 아울러 속도가 중요하다고 하는데?"
>
> "30개나 되는 수능 문제를 푸는 과정에서 계산이 느린 학생은 풀지 못하는 문제가 5개 이상이라던데, 정말 그런가요?"

그래서 다들 초등학교 저학년 때 연산 훈련을 고되게 시킵니다. 엄마들이 겪는 딜레마는 수학 교과서에 나온 모든 문제를 다 풀게 하고 또 연습까지 시켜야 한다는 겁니다. 그러다 보면 연산이 주로 나오는 기간에는 아이들이 온통 연산 문제만 지루하게 반복하게 됩니다. 하지만 엄마는 포기하지 않습니다. 그렇게 시키지 않으면 학교 시험 점수가 나쁘게 나올 것이 뻔하니까요. 그래서 아이는 사고력 위주의 수학 공부에 집중할 수 없습니다. 또 아이가 수학 시험에서 좋지 않은 점수를 받으면 의기소침해질지 모른다는 불안도 있습니다. 그래서 선불리 연산 연습을 버리고 사고력 위주로 공부시키는 것이 쉽지 않습니다. 여기에 연산 연습의 딜레마가 있습니다. 하지만 아이의 장래를 위해서 우리는 냉철히 연산 연습 문제를 다루어야 합니다.

독일의 교육학자 마이어는 단순하고 지루한 연산 문제를 반복하는 데 있어 그 부작용을 지적합니다. 그에 따르면 연산 문제를 반복한다고 해서 학업 능력이 향상되지는 않습니다. 그리고 학업 능력이 뛰어난 아이에게는 오히려 역효과가 있다고 합니다. 아이들은 항상 도전적인 응용문제를 좋아합니다. 이것은 학업 능력이 뛰어난 아이들뿐만 아니라 학업 능력이 떨어지는 아이들도 마찬가지입니다.

이제 현실적인 대안을 만들어보죠. 먼저 연산 부분에 대한 기초적인 계산 능력을 심어줍니다. 그러나 복잡한 계산을 능수능란하게 할 수 있을 때까지 계속 반복연습시키는 것은 피해야 합니다. 적당한 정도에서 그쳐야 합니다. 그리고 절약한 시간을 사고력 학습에 할애하는 겁니다. 여기에서 한 가지 주의할 점이 있습니다.

연산 시험에 연연하지 말아야 한다는 점입니다. 복잡한 계산을 실수 없이 빠른 속도로 처리해야 하는 시험도 있습니다. 그런 시험에서 낮은 점수를 받아도 심각하게 고민하지 말아야 합니다. 그럴 수 있다는 정도로 가볍게 넘기는 지혜가 필요한 때입니다. 능수능란한 연산 능력은 본인이 필요를 느낄 때 금방 갖출 수 있습니다. 중요한 것은 그것을 믿고 인내하는 것입니다.

연산이 늦어 시험에 실패하는 경우는 거의 없습니다. 실제로 수능 시험을 볼 때 시간이 부족하여 문제를 다 풀지 못하고 찍을 수밖에 없는 상황이 발생하기도 합니다. 그 이유는 연산 능력이 부족해서가 아니라 사고력이 부족하기 때문입니다. 수능 감독을 하면서 수험생들이 문제 푸는 상황을 유심히 관찰하면 금방 알 수 있습니다. 아이들은 문제를 접할 때마다 그 문제에 포함된 3~4개의 수학 개념을 보고 그들 사이의 내적인 관계를 이해하는 데 대부분의 시간을 소비합니다. 그리고 문제가 이해되어 문제를 해결하는 실마리를 잡게 되면 그때부터 문제가 풀릴 때까지의 계산은 거의 열 줄을 넘지 않습니다. 계산 시간도 1분 이내가 대부분이죠. 시간이 부족한 건 계산 능력 탓이 아닙니다. 사고력 부족이 시간을 잡아먹는 것입니다.

학습 부진, 어떻게 할 것인가?

가장 곤혹스러운 문제는 이미 늦었다고 생각할 때 생깁니다. 이제라도 아이의 수학을 돌보려 했는데, 답이 없다는 생각이 들면 어떻게 해야 할까요? 오늘 학교에서 배운 내용을 같이 복습하려고 했는데, 오늘은커녕 한참 전에 배운 것도 모른다면 어떻게 해야 할까요? 과감하게 이전 학년으로 되돌아가야 하는 걸까요? 아니면 오늘 배운 것을 먼저 이해하도록 해야 할까요?

방법은 두 가지 모두입니다. 오늘 배운 것이 처음 나온 개념이라면 과거로 되돌아갈 필요는 없습니다. 그런데 배운 내용을 왜 모를까요? 그것은 수업에 소홀했기 때문입니다. 그때는 집에서 시간을 주고 스스로 공부하도록 한 다음 다시 엄마에게 설명하도록 배려해주어야 합니다. 가르치려 들면 역시 이해할 수 없을 것입니다. 엄마가 선생님으로 보이면 게임은 끝입니다.

오늘 배운 것이 예전에 배운 것과 관련이 있다면 당연히 그 시점으로 돌아가야 합니다. 하지만 이때도 주의해야 할 것이 있습니다. 엄마는 조바심을 이겨내야 합니다. 빨리 가르치고 싶어도 조금만 참아주세요. 대신 아이에게 과거의 교과서를 주고 스스로 공부하게 한 다음 설명하도록 해야 합니다. 더뎌 보여도 그것이 확실하고 더 빠른 방법입니다. 기초가 다져지지 않으면 무너지기 때문입니다.

만약 학습 부진의 경우라면 아이와 함께하는 시간을 더 많이 내야 합니다. 초등 수학은 뒤처지더라도 금방 따라잡을 수 있습니다. 하지만 학습 부진이 오래가면 그만큼 회복도 더디기 마련입니다. 보통 아이보다 1.5배 내지 2배 정도의 시간을 들이는 게 좋습니다.

학습 부진의 원인이 수 개념에 있다면 기다려줘야 합니다. 수 개념도 아이에게는 추상적이기 때문에 한 번 이해하지 못하면 쉽게 이해하기 어렵습니다. 그래서 아이 나름의 이해 방식을 가지고 추상화된 수 개념을 받아들이도록 해야 합니다.

그런데 학습 부진의 원인이 문제를 이해하지 못해서라면 다른 대책을 세워야 합니다. 흔히 많은 아이들이 문장제 문제를 이해하지 못합니다. 문제의 조건이나 뜻을 이해하지 못해서 손을 대지 못하는 경우죠. 이런 아이들은 어휘력이 부족한 경우가 많습니다. 이런 아이에게 절실하게 필요한 것은 수학이 아니라 독서입니다.

대부분의 부모들이 이미 독서 사교육 프로그램에 아이를 보내봤을 겁니다. 그래도 도통 해결될 기미가 보이지 않았을 거예요. 독서 역시 프로그램 속에 억지로 매이면 아이에게 큰 효과를 발휘하기 어렵기 때문입니다. 먼저 아이 혼자 책을 읽게 해야 합니다. 엄마도 같이 책을 읽으면서 독서 토론도 하고 독후감 발표도 하는 거죠. 여기서도 조급증은 금물입니다. 한두 달에 효과가 나는 것이 아니기 때문입니다. 2~3년 정도 독서와 수학 공부를 병행하면 아이의 문제는 풀릴 것입니다.

쨍그랑
수학 에네르기파!
분석
독서
관찰
사고
응용
이해

제5장

이것만은 놓치지 말자

아이가 사교육 없이 혼자 공부할 수 있는 방법이 있을까?
수학 공부에도 비결이 있다면 과연 무엇일까?
수학의 개념을 이해한다는 것이 어떤 의미일까?
수학을 일상에서 체험할 수는 없나?
이에 대한 해답을 얻을 수 있다면 보다 일찍부터,
보다 수월하게 아이의 수학 공부를 도울 수 있다.

수학, 왜 싫을까?

수많은 노벨상 수상자를 배출한 이스라엘에서는 어느 나라보다 유아교육을 강조합니다. 이스라엘 교육이 남다르다는 뜻이겠지요. 그럼 이스라엘에서는 어떻게 아이들을 가르칠까요? 우선 유치원부터 시작하겠습니다. 이스라엘 유치원에서는 예절 교육이나 지능 개발을 위한 만들기, 그림 그리기, 노래 부르기 등이 주로 진행됩니다. 그런데 특이하게도 초등학교 입학 전에 문자나 수의 개념은 가르칠 수 없게 되어 있습니다. 수에 관한 개념이나 연산, 그리고 글쓰기를 학습하지 않는 것입니다. 조기교육, 선행학습이 판을 치는 우리와는 많이 다르군요.

반면 우리나라의 부모들은 초등학교 입학 전에 아이에게 수 계산과 한글을 가르칩니다. 그 이유는 초등학교 1학년 수업이 기초적인 수 계산과 한글 교육이 아닌 상당한 수준에서부터 시작되기 때문입니다. 그러니 아무 준비 없이 입학한 아이는 학교 수업을 따라갈 수 없게 됩니다. 경쟁이 만연한 탓입니다. 무한 경쟁이 초등학교 입학 전부터 시작되고 있군요. 그럼 미리 배우지 않으면 뒤처질까요? 그렇지 않습니다. 1학년 교실에서 수 계산을 1부터 차례로 배우지 않고, 한글을 기초부터 가르치지 않는다고 해도 걱정할 필요는 없습니다. 그때부터 가르쳐도 늦지 않습니다.

개인의 차는 있겠지만 사실 초등학교에서 배우는 수학은 대단히 어려운 것이 아닙니다. 중학교 수학도 어렵다고 할 수는 없습니다. 물론 학교 교육과정 일부에 아직도 아동의 인지 발달과 맞지 않는 어려운 부분이 남아 있기도 합니다. 그런데 그것 때문에 수학이 어렵게 느껴지는 것일까요?

문제는 모두를 돌볼 수 없는 수업 현장에 있습니다. 교사는 한 학급당 인원수가 30~40명인 교실에서 수학을 가르칩니다. 1년의 커리큘럼이 가득 차 있어서 뒤처지는 아이들을 돌보기가 쉽지 않습니다. 매일매일 앞으로만 진도를 나가는 형편입니다. 때문에 수학이 어려운 과목으로 느껴지는 아이들이 늘어나게 됩니다. 그러나 그런 아이들이라 할지라도 조금 더 많은 시간을 투자하면 달라질 수 있습니다. 혼자서 또는 부모의 도움을 받아 지속적으로 학습하면 수학의 어려움은 해결됩니다. 조금 뒤처지는 것에 불안할 필요도 없습니다.

초등학교와 중학교 시절에는 뒤처지더라도 회복하는 것이 아주

어렵지는 않습니다. 오히려 교육과정을 벗어난 쓸데없는 수학 문제가 수학을 싫어하고 어렵게 만드는 원인이 됩니다. 이제 본격적으로 아이들이 왜 수학을 어려워하고 싫어하는지를 살펴볼 때가 되었습니다.

첫 번째는 과도한 선행학습과 연산 중심의 단순 계산 연습 때문이라고 할 수 있습니다. 이 경우 아이들은 수학에 흥미를 잃게 되고 거부감을 느낍니다. 일단 수학이 싫어지면 어렵고 쉽고는 문제가 되지 않습니다. 아무리 쉬운 수학도 수학이니 싫고, 싫으니 어렵다고 생각합니다. 게다가 과도한 선행학습은 개념에 대한 이해를 불완전하게 합니다. 그럼 수학을 잘 못하게 됩니다. 그리고 억지로 암기하기 때문에 다른 상황에 연결시키는 것이 불가능해지고 전이도 잘 일어나지 않습니다. 그야말로 비능률적이고 소모적인 학습이 됩니다.

어떤 경우에는 특정 학년의 수학을 잘하지 못하는 사례도 있습니다. 그럼 해당 학년의 내용만이라도 잘 따라가도록 지도해야 합니다. 학교 시험에서 낮은 점수를 받았을 때 주의 깊게 살피는 것도 중요합니다. 수학에 있어 어떤 문제가 생긴 것인데 그것을 그대로 방치하면 회복도 더뎌집니다. 그러므로 학교의 주기적인 평가에서 자녀가 평균 이하의 점수를 받는다면 아이의 상태를 정확히 파악하고 아이의 학습 속도에 맞춰 천천히 이끌어주어야 합니다. 그럼 대부분의 초등학교 수학 내용은 따라잡을 수 있습니다.

다만, 최근에 논란이 되는 초등학교 수학 교육과정의 난이도는 다른 차원의 문제입니다. 초등학교 교사들은 아직도 40명에 가까운 학생들로 이루어진 교실이 존재하는 우리나라에서 수학 교과서의 내용을 그 많은 학생들에게 단시간 내에 가르치는 것은 불가능하다고 주장합니다. 이런 주장은 40명 가까운 아이들이 있는 교실이라는 상황과 정해진 교육과정 스케줄이 존재하는 맥락을 고려할 때 일리가 있습니다.

하지만 우리 아이 하나만 놓고 집에서 천천히 여가 시간을 활용하여 학습하게 하면 불가능한 일은 아닙니다. 40분이라는 정해진 수업 시간에 교사 혼자서 많은 아이들을 동시에 가르치기는 쉽지 않겠지만, 집에서 아이 혼자 또는 친구 2~3명과 같이 공부한다면 전혀 다른 상황을 만들 수 있습니다. 즉, 아이의 학습 속도와 성향을 충분하게 고려할 수 있다는 말입니다. 그렇게 되면 교실에서보다 더 효과적인 지도가 가능해집니다.

다시 한 번 초등학교 시절 수학 선행학습의 문제를 짚고 넘어가겠습니다. 경기도 분당 지역에 '잠수네'라는 학부모 모임이 있습니다. 자녀들의 수학 공부로 오랫동안 고민한 결과, 잠수네에서는 수학 선행학습이 절대 금물입니다. 그들의 경험에 의하면 초등학교 시절 수학에 매진하다가는 아이의 기본적인 문해 능력, 독서, 인성 등에 문제가 생겨서 중·고등학교로 올라갈수록 수학 점수가 오히려 떨어진다고 합니다. 잠재력이 부족한 탓입니다. 고등학교 수학 문제는 단순한 계산 능력을 묻는 문제보다 수학 내적으로 여러 개념이 연결된 문제가 많습니다. 단순한 계산 문제를 틀리는 경우는 많지 않으므로 차이가 나지 않습니다. 그러나 여러 수학 개념이 연결된 문제는 문해 능력이나 통합적인 사고력을 필요로 합니다. 그러므로 수학에서 많은 문제를 유형 중심의 암기 위주로 공부해온 학생들에게는 이런 것들이 걸림돌이 되는 경우가 많습니다.

중요한 건 수학에 대한 태도다

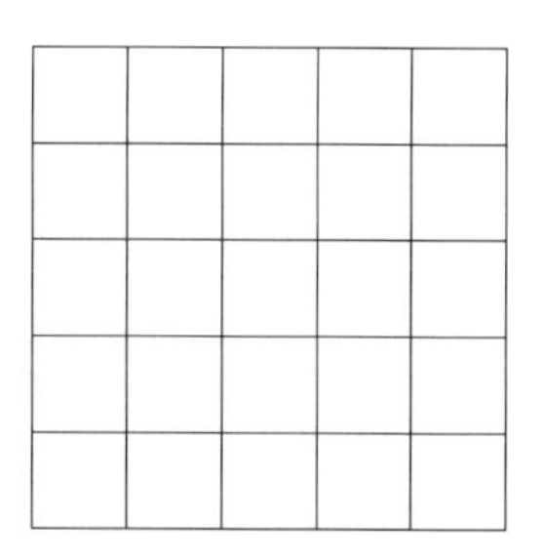

일본에서 수학연구회를 만든 카타기리 교수는 수학적인 지식이나 문제를 푸는 기능만으로는 수학 문제를 만족스럽게 해결할 수 없다고 말합니다. 앞서 이야기한 정사각형의 개수 구하는 문제를 되새겨보겠습니다. '오른쪽 그림에는 모두 몇 개의 정사각형이 있는가?'라는 문제를 초등학교 4학년이 푸는 과정을 살펴봅시다.

학생은 제일 작은 정사각형만 세는지, 여러 가지 크기의 것 모두를 세는지, 문제를 분명히 파악해야 합니다. 이 문제는 크기가 여러 가지인 정사각형을 모두 세는 것입니다. 자, 이제 문제의 의도를 파악했습니다. 그럼 이제 정사각형을 세기 시작합니다. 그러나 대부분 세지 못하거나, 틀린 결과를 도출합니다. 실수가 생기기 때문이죠.

여기에서 중요한 것은 실수를 했다는 사실이 아닙니다. 실수를 통해 어디에서 실수가 생겼는지, 어떻게 해야 실수하지 않고 더 좋은 방법으로 셀 수 있을지를 알아가는 것이 중요합니다. 이 과정을 거쳤을 때, 이 문제는 학생에게 의미 있는 과정이 됩니다. 그럼 이 문제를 해결하는 데 필요한 수학적인 지식이나 기능을 살펴보겠습니다.

- 개수를 셀 수 있는 능력이 필요하다.
- 정사각형의 정의, 즉 정사각형이 어떤 모양인지를 알아야 한다.
- 한 변의 길이가 1인 모든 정사각형의 개수를 셀 수 있어야 한다. 일일이 하나씩 짚어가면서 셀 수도 있지만, '5×5'라는 곱셈을 할 수도 있다.
- 한 변의 길이가 1, 2, 3, 4, 5인 것을 각각 세어 그 합을 구하는 다음 식을 쓸 수 있어야 한다. '5×5+4×4+3×3+2×2+1×1'

TIP
한 변의 길이가 1인 것은 가로, 세로에 각각 5개씩 있으므로 5×5개, 한 변의 길이가 2인 것은 가로, 세로에 각각 4개씩 있으므로 4×4개, 한 변의 길이가 5인 것은 가로, 세로에 각각 1개씩 있으므로 1×1개가 있다.

위 문제를 해결하기 위해서는 이와 같은 지식이나 기능이 필요합니다. 그러나 아이들이 이런 지식이나 기능을 가지고 있다 해서 이 문제를 해결하리라는 보장은 없습니다. 또한 필요한 지식이나 기능이 특별한 능력을 필요로 할 정도의 높은 수준인 것도 아닙니다. 이 문제를 풀지 못한 아이에게 위에서 나열한 각각의 지식이나 기능을 물어보면 다 알고 있는 경우가 많습니다. 그러면서도 문제를 해결하지 못하는 이유는 무엇일까요?

사실 이 문제는 초등학교 4학년에게 그리 쉽지만은 않습니다. 왜냐하면, 지식이나 기능 이외에 또 다른 힘을 필요로 하기 때문이죠. 그것은 구하는 것이 무엇인지를 보다 명확히 하려는 생각, 보다 좋게 세는 방법을 궁리해내고자 하는 태도, 여러 가지 정사각형을 분류하는 방법과 귀납적인 방법을 통한 일반화, 식이 가지는 효율성을 활용하려는 생각이 바탕이 되어야 하기 때문입니다. 이런 것들이 수학적인 사고입니다. 즉, 아이에게 수학적 지식이나 기능을 길러주는 것만으로는 불충분합니다. 수학적인 생각 및 태도로 문제를 새로이 바라보고 합리적인 방법, 보다 나은 방법으로 대처해나갈 수 있는 힘을 가져야 합니다. 아이들에게 길러주어야 할 것은 이 문제의 답을 빨리 구하는 요령이 아니라 수학적인 사고와 태도라는 것이 분명해집니다.

미독의 기적

몇 년 전 수능 만점자를 인터뷰한 기사를 보았습니다. 그중 한 사람에게 기자가 고3 때 수학 책을 몇 권이나 보았는지 물었습니다. 그런데 놀랍게도 대답은 '딱 한 권'이었습니다. 놀란 기자가 다시, 어떻게 수학 책을 한 권만 풀고 만점을 받을 수 있었는지 물었습니다. 비밀은 한 권을 그냥 한 번만 본 것이 아니라 일곱 번이나 보았다는 데 있었습니다. 더욱 놀라운 사실은 일곱 번을 보며 일곱 가지의 서로 다른 풀이를 찾으려고 했다는 것입니다. 물론 모든 문제를 일곱 가지 방법으로 푼 것은 아닙니다. 어떤 문제는 일곱 번을 풀었어도 단 한 가지 풀이밖에 찾지 못한 경우도 있겠죠. 어떤 문제는 진짜 일곱 가지 풀이 방법을 찾았을 겁니다. 조금 전문적으로 이야기한다면 이 학생은 도형 문제를 수식 계산 문제로,

통계 문제를 도형 문제로 생각해낸 겁니다.

조금 과장하면 모든 수학 문제는 연결되어 있습니다. 그래서 어느 한 문제를 놓고 깊이 있게 분석하고 다양하게 사고하면 그 분석력과 사고력이 다른 문제에 그대로 전이됩니다. 그래서 처음 본 문제도 사고력으로 해결이 가능해집니다. 학교 내신에 강하지만 외부 시험에 약한 아이들을 두고 흔히 응용력이나 적용력이 부족하다고들 합니다. 틀린 얘기는 아니지만 그보다는 이해력과 사고력을 키우지 못한 탓일 겁니다. 응용력이나 적용력이 마치 타고나는 듯 말하기도 합니다. 그래서 응용력과 적용력이 좋지 않은 아이에게 낙인을 찍고 말지요. 그러나 절대 그렇지 않습니다.

사고력은 얼마든지 키울 수 있습니다. 수학 문제를 붙잡고 깊이 있는 사고를 하는 경험으로도 키울 수 있습니다. 많은 독서를 통해서도 키울 수 있습니다. 어떤 사람은 독서를 많이 했지만 기억력이 부족하여 다 까먹었다고 걱정합니다. 하지만 독서의 결과는 기억력이 아니라 사고력으로 남습니다. 독서를 하면서 접하는 많은 상황에 대한 사고와 이해가 없었다면 결코 그 많은 책을 읽지 않았을 테죠. 독서를 많이 한 사람이라면 설사 기억하는 게 적다고 해도 어떤 상황을 만나면 독서의 힘을 발휘합니다. 상황을 관찰하고 분석하고 해석하는 사고력이 작동하기 때문입니다.

이토 우지다카는 《천천히 깊게 읽는 즐거움》이라는 책에서 일본의 나다 중·고등학교 국어 교사였던 하시모토 선생님의 이야기를 소개합니다. 나다 중·고등학교는 사립학교로, 6년간 1교과 1교사 담당제입니다. 하시모토 선생님은 30년 동안 5개 학년 1,000명만을 가르친 셈입니다. 나다 중학교에 입학한 학생은 하시모토를 만나면 3년 동안 '국어 교과서를 버리고' 나카 간스케의 《은수저》라는 소설책 한 권만을 읽게 됩니다. 모르는 것이 전혀 없고 완전히 이해하고 음미하는 경지에 이르도록 책 한 권을 철저하게 미독(味讀, slow reading)하는 것입니다. 그러다 보면 학생들의 흥미를 좇아서 샛길로 빠지기도 하고요. 그러면서 하시모토는 성적으로 아이들을 나무라거나 차별하지 않습니다. 그는 수업을 할 때도 가르친다기보다는 폭을 넓히고 깊이를 얕게 해서 학생들이 마음껏 의문을 갖도록 했으며, 누구나 흥미의 대상을 찾고 점점 거기에 빨려 들어가도록 했습니다. 교직 16년 차에 수업을 그렇게 바꾸게 된 배경에 대해 하시모토는 이렇게 설명합니다.

"평소처럼 설렁설렁 읽으면 아무것도 남지 않아요. 혹시 중학교 국어 시간에 무엇을 읽었는지 기억합니까? 선생님이 되었을 때 나는 그렇게 자문해보고 깜짝 놀랐어요. 아무것도 기억나지 않았으니까요. 선생님과 가깝게 지내기는 했지만 수업 자체에 대한 인상은 제로에 가까웠지요. … 그래요. 나 역시 그다지 기억에 남지 않을 수업을 할 거라고 생각하니 몹시 괴로웠습니다. 오래 기억하도록 가르칠 수는 없을까. 아이들의 인생에 피가 되고 살이 될 교재로 가르치고 싶다. 그렇게 생각했지요."

한 학년이 200명인 시골의 조그마한 나다 학교는 그때까지 도쿄대학 입학생을 1명도 배출하지 못하고 있었습니다. 그러나 '은수저' 1기 중 15명이 도쿄대학에 입학했지요. 이것은 일본 전국 고교별 도쿄대학 합격 랭킹 22위였습니다. 6년 뒤, '은수저' 2기는 39명, 또다시 '은수저' 3기는 132명이 도쿄대학에 입학했는데 이는 전국 랭킹 2위였습니다.

모든 국어 교사가 소설책으로 수업을 한다고 해서 국어 학습이 잘된다는 뜻은 아닙니다. 그것은 《은수저》라는 책이 가지는 특성에 기인하는 바가 큽니다. 소설을 보면 주인공이 초등 5학년 정도까지 겪는 풍경이 놀랍도록 섬세하게 묘사되어 있습니다. 아이들이 즐겨 하는 놀이, 구경거리, 주전부리에서부터 꽃과 나무, 채소, 곤충에 이르기까지 자연과의 교감이 생생하고 정확하게 기록되어 있는 것입니다. 이런 책의 기록은 살아 있는 것과 다름이 없습니다. 아이들의 실생활을 수업으로 옮겨온 것이죠. 그래서 국어 교과서를 배우지 않았어도 전이가 되고 연결이 된 것입니다.

책은 국어 수업에 대한 얘기뿐이지만 이 학교 학생들의 엄청난 대학 입학 성적을 보면 국어라는 한 과목에서의 깊이 있는 학습이 수학을 비롯한 모든 과목의 공부에 그대로 전이되었음을 짐작할 수 있습니다. 모든 과목의 학습법은 마찬가지입니다. 수학 문제 하나를 깊이 있게 이해하고 폭넓게 사고하는 학습 방법은 수학 공부는 물론 다른 과목에까지 큰 영향을 줄 것입니다.

심층구조와 표층구조

한 학생이 도형의 넓이를 구하는 문제를 풀고 있었습니다. 사실 도형이라고 하지만 탁자의 넓이를 구하는 문제입니다. 옆에서 선생님이 도와줍니다. 하지만 학생은 이해를 하지 못합니다. 그래도 끈질기게 노력했습니다. 드디어 정확한 과정을 거쳐 탁자의 넓이를 구했습니다.

"브라보!"

그런데 다음 문제가 또 말썽입니다. 다음 문제는 학교 옥상의 넓이를 구하는 문제입니다. 학생은 당황합니다. 선생님이 여전히 옆에서 힌트를 줍니다. 조금 전 풀었던 탁자의 넓이와 옥상의 넓이는 같은 개념입니다. 그런데 방금 탁자의 넓이는 구했으면서 옥상의 넓이는 구하지 못합니다.

"휴우."

학생은 두 가지 문제를 가지고 있습니다. 첫째, 넓이 계산과 같은 추상적 개념을 잘 이해하지 못했습니다. 둘째, 탁자와 옥상을 연결시키지 못합니다. 그것은 개념을 이해한 후에도 문제를 달리 제시 받으면 이해하지 못한다는 말입니다.

수학의 개념은 모두 추상적입니다. 그런데 추상적 개념은 이해하기도 어렵고 새로운 상황에 적용하기도 쉽지 않습니다. 아이들에게 추상화된 개념을 이해시키려면 여러 가지 구체적인 상황에서 다양한 방식으로 추상화하는 작업을 경험시켜야 합니다. 넓이에 대한 추상적인 개념을 이해하려면 탁자는 물론이고, 건물이나 운동장, 봉투와 책을 비롯해 여러 가지 넓이 문제를 계산하는 경험을 하도록 해야 합니다.

학생들은 새로운 개념을 접하면 이미 아는 개념과 연결해서 이해합니다. 여기서 학생들이 이해한 방식에 두 가지 문제점이 존재합니다. 하나는 이해에도 정도의 차이가 있다는 점입니다. 얕은 수준으로 이해하는 학생이 있는 반면에 깊이 이해하는 학생도 있습니다. 또 하나는 교실이나 교과서에서는 이해했어도 교실 밖에서는 적용하지 못할 수 있다는 점입니다. 이미 풀어본 문제를 달리 표현한 문제인 줄 알지만, 더욱이 최근에 같은 문제를 풀어봤지만, 새로운 문제를 만나면 당황하게 됩니다. 얕은 지식과 적용 능력의 부족은 어디에서 오는 것일까요? 그것은 불완전한 이해의 결과입니다.

완전한 이해를 동반하지 않고 암기하는 것은 낭비일 뿐입니다. 암기는 시험이 끝나면 기억에서 사라집니다. 수학의 개념을 잘 이해하면 개념은 전이됩니다. 다른 상황으로 응용이 가능해져 많은 문제를 통하지 않아도 다양한 문제를 해결할 가능성이 커지게 됩니다. 특히 새로운 문제에 직면했을 때 더욱 큰 힘을 발휘합니다. 하지만 단순한 암기는 전이가 불가능합니다. 수학의 개념은 또한 대부분 연결되어 있습니다. 어느 한 개념을 정확히 이해하면 다른 개념은 더 쉽게 이해할 수 있습니다. 그러나 단순한 암기는 이런 가능성도 어렵게 합니다. 응용력이 부족하다고 느끼는 아이들을 보면 실제로 머리가 나쁘기보다는 수학의 개념을 단순 암기식으로 공부한 경우가 많습니다.

윌링햄은 문제의 표층구조와 심층구조를 구분했습니다. 어떤 한 개념은 여러 가지 문제 형태로 나올 수 있습니다. 즉 서로 다른 표층구조를 가진 것처럼 보이지만, 그 내면에 흐르는 수학의 개념은 하나입니다. 즉 심층구조는 같습니다. 심층구조가 같지만 서로 다른 표층구조를 가진 여러 문제가 주어졌을 때, 어느 한 문제는 해결하고 나머지 다른 문제는 해결하지 못하는 경우가 발생할 수 있습니다. 이런 학생들은 그 개념을 정확히 이해하지 못하고 단순 암기했기 때문입니다. 이제 제발 제대로 된 수학 공부를 시키자고요. 부탁드립니다.

개념을 설명하라

우리는 흔히 수학 공부는 개념에 대한 이해를 정확히 하는 것이 중요하다고 말합니다. 모두가 쉽게 개념이 중요하다고 말하지요. 하지만 수학의 개념이나 원리를 이해한다는 것이 무엇인지를 설명하는 말은 좀체 듣기 어렵습니다.

수학 교사들이 모여서 이 문제를 토론한 적이 있습니다. '그날 가르친 수학 개념을 학생들이 이해했다는 것을 어떻게 판단하는가?'라는 질문에 각자 돌아가면서 답을 해보았죠. 아이들이 수업에서 고개를 끄덕이며 짓는 표정이나 눈빛을 통해 알 수 있다고 했습니다. 그날 배운 개념을 이용하는 문제를 형성 평가로 제시하여 학생들이 풀어내는 상황을 보고 판단한다고도 했습니다. 그런데 많은 교사들이 공감한 것은 학생이 자기가 배운 것을 정확하고 자신 있게 표현하는 활동을 통해서 확인이 가능하다는 것이었습니다.

아인슈타인은 "만일 우리가 어떤 것을 남에게 쉽게 설명하지 못한다면, 그것을 잘 이해하지 못한 것이다"라고 했습니다. 즉 학생이 그날 배운 수학 개념을 제대로 이해했다면 그것을 교사나 다른 친구에게 설명하여 납득시킬 수 있어야 합니다. 일본의 학교 혁신을 주도하고 있는 전 동경대 교육학과 사토 마나부 교수는 배움의 한 요소로 표현하는 활동을 매우 중요시합니다. 학생들은 스스로의 활동을 통해서 지식을 구성하고, 친구 등 동료 학생들과의 협동과 의사소통 과정을 통해서 보다 확장된 개념을 익힙니다. 그리고 결국에는 자기 스스로의 표현을 통해서 내면화하는 과정에 이른다고 합니다. 다음은 EBS의 다큐멘터리 〈0.1%의 비밀〉에 출연한 최상위권 학생의 이야기입니다.

이 학생은 집에서 공부할 때, 졸린 엄마를 자기 방에 앉혀놓고 화이트보드에 자기가 공부한 것을 써가며 설명하는 방식으로 공부를 했습니다. 놀라운 것은 학교에서 시험을 보는 과정에서 엄마에게 설명한 내용은 생생하게 기억나 큰 도움이 되었다는 겁니다. 사실 이 학생은 그 장면을 기억해서 그 문제를 풀었다기보다는 엄마에게 설명을 하는 동안 머릿속에 그 개념이 명확히 정리된 것입니다. 그래서 그 문제를 해결할 힘이 생긴 거죠. 우리도 그럴 때가 있잖아요. 그냥 외운 것은 기억이 나지 않는데 어떤 상황 속의 일은 잘 떠오르는 것 말입니다. 이런 식의 기억이 장기기억을 만듭니다.

아이들이 스스로 공부하는 습관도 중요합니다. 시중에 떠도는 '자기 주도적 학습'이 초등학생 때부터 진정 우리 아이의 학습으로 습관화되면 중·고등학교의 수학 공부는 그리 어렵지 않게 됩니다. 성적도 올릴 수 있죠. 학원이나 사교육에 의존하여 아이의 의지나 능력에 맞지 않는 수동적 학습을 억지로 시키는 것은 장기적으로 큰 문제를 낳습니다. 이 과정에서 극복해야 할 점은 아이 혼자서 스스로 공부하는 것이 과연 가능한가의 문제와 초등학생 때의 학교 시험 성적이 최상위권을 유지하지 못하는 것에 대한 불안감입니다.

초등학생 때 학교 시험 성적이 최상위권을 유지하는 것을 마다할 이유는 없겠죠. 하지만 최상위권은 어차피 상대적인 것입니다. 나머지 대다수의 아이들은 최상위권이 아니죠. 그래서 거의 모든 부모는 아이의 성적에 만족하지 못합니다. 어떤 부모는 아이의 초등학교나 중학교 성적이 그대로 고등학교로 올라가고 마침내는 대학교 입학 시험의 자료가 된다고 착각하기도 합니다. 그래서 초등학교 성적을 무척 중시했다고 합니다.

하지만 초등학교 성적은 중학교 기록에 전혀 남지 않습니다. 중학교 성적 역시 고등학교 기록에 전혀 남지 않아요. 그러므로 초등학교에서 최상위권이었다는 것이나 그렇지 않았다는 것은 대학에 갈 때 아무 영향을 미치지 않습니다. 초등학교에서 최상위권을 유지하기 위해 굳이 목숨을 걸 필요까지는 없다는 말입니다. 올림픽을 예로 들어볼까요? 우리가 좋아하는 수영 선수 박태환은 예선에서 최선을 다하지 않습니다. 우사인 볼트도 예선에서는 죽어라 뛰지 않습니다. 탈락하지 않을 정도로만 힘을 쓰고 결승에서 최선을 다하는 전략을 선택합니다. 아이가 좋은 대학에 가길 원한다면 결승전에 임하는 전략을 잘 세워야 할 것입니다. 그 전략을 염두에 두고 초등 시절을 지내는 거죠. 그런데 눈앞의 초등 최상위권을 위해 학교 시험에 모든 전력을 투입하면 어떻게 될까요? 그걸 위해서 일시적인 학습이나 사교육에 의존하는 것은 중·고등학교를 대비하는 공부가 될 수 없습니다. 그러니 초등학교 성적이 최상위권을 유지하지 못하는 것에 대한 불안감은 말끔히 씻어도 좋습니다.

다음으로 극복해야 할 생각은 아이 스스로 해낼 수 없을 것이라는 불안감과 불신입니다. 사람은 모두 다릅니다. 타고 태어나는 능력도 다를 수 있습니다. 부족한 부분이 있을 수 있고 나은 부분이 있을 수 있습니다. 부족한 부분이 있다고 다시 태어날 수는 없습니다. 중요한 것은 부족한 부분을 메워나가는 겁니다. 공부에 있어서도 마찬가지입니다. 하루하루 그날그날 우리 아이가 공부한 것을 제대로 이해했는지를 정확히 확인해야 합니다. 개념을 정확히 이해했는지 확인하는 일은 아이에게 그날 배운 것을 친구나 부모에게 설명하도록 하면 됩니다. 이런 과정이 계속 쌓이면서 아이의 잠재 능력은 서서히 커지게 됩니다. 이것이 자기 주도적인 학습 능력입니다.

전에 MBC 〈PD수첩〉에서 '행복을 배우는 작은 학교들'이 방영되었습니다. 남한산초등학교 학생들의 모습이 소개되었습니다. 학생들은 날마다 학교에서 뛰어노느라 집에 가는 것도 잊고, 밤에 할 수 없이 집에 가더라도 다음날 학교에 가기만을 고대하였습니다. 마치 우리나라 학교가 아닌 듯했습니다. 사교육을 전혀 받지 않는 산골 학교의 6학년 아이에게 물었습니다.

"지금은 네가 이 학교에만 있고, 학교에서 시험을 거의 보지 않아서 잘 모르겠지만, 내년에 시내에 있는 일반 중학교에 가게 될 텐데, 거기 가서 공부하는 것이 걱정되지 않니?"

인터뷰를 한 여자아이는 일언지하에 잘라 말했습니다.

"아니요! 전혀 걱정되지 않아요. 우리는 여기서 비록 '빡시게' 공부하지는 않지만, 우리 스스로 공부하는 법을 익혔기 때문에 얼마든지 중학교 가서도 혼자 공부해낼 수 있어요."

실제로 이 초등학교 졸업생들이 중학교에 가서 생활하는 것을 취재했습니다. 어떤 아이가 중학교 첫 시험에서 수학 성적이 많이 떨어지고서는 학원에 보내달라고 했습니다. 그러나 이 아이는 곧 학원을 그만두고 다시 혼자서 공부했습니다. 학원 선생님이 가르쳐주는 것이 결국은 자기가 혼자 스스로 해야만 하는 것이라고 생각했기 때문입니다. 선생님의 역할은 단지 그것을 미리 해주는 것뿐이며 그런 강의에 돈을 쓰는 것은 낭비라고 생각했답니다. 심지어 학원을 다니면 왜 공부를 더 싫어하고 못하게 되는지를 이해했다고 합니다. 학생들이 풀어야 할 문제를 놓고 아이들에게는 생각할 시간도 주지 않은 채 학원 선생님이 먼저 문제를 풉니다. 그럼 아이들이 공부할 필요를 느끼지 못하게 됩니다. 오히려 그것은 공부에 방해가 됩니다. 이것이 그 아이의 주장이었습니다.

초등학교나 중학교까지 수학 과목에서 공부할 내용은 고등학교에 비하면 아주 일부분이며 난이도 또한 낮은 편입니다. 그러므로 개념을 대충 이해해도, 문제를 정확히 풀지 못해도, 학원에서 집중적으로 단기간에 암기를 시키고 훈련하면 학교 내신 고사 성적은 잘 나올 수 있죠. 하지만 고등학교에 가면 사정이 달라집니다. 공부할 분량이 많아지고, 난이도도 높아집니다. 암기로 해결하기에는 점점 벅차지만 학교 내신 시험은 그 범위가 얼마 되지 않기 때문에 여전히 같은 방식을 적용할 수 있습니다. 하지만 수능 시험은 전 범위를 동시에 커버해야 하기 때문에 단순 암기 방식을 적용할 수 없게 됩니다.

한 번 사교육에 의존하기 시작하면 습관이 되기 때문에 다시 혼자서 스스로 공부하는 습관으로 돌아오기 어렵습니다. 그래서 한 번 학원에 다니기 시작하면 중간에 끊기가 쉽지 않은 겁니다. 그러니 처음부터 발을 들여놓지 않은 상태에서 아이의 자기 주도적 학습 습관을 만들어주어야 합니다. 아이가 스스로 공부하는 습관이 생기면 오히려 필요한 경우에 있어서 부분적으로 학원 강의를 활용할 수도 있습니다. 그런데 이것이 거꾸로 되면 곤란하지 않을까요?

수학은 체험이다

수학에서 무엇보다 중요한 것은 개념입니다. 그런데 수학의 개념을 이해했다는 것은 무슨 의미일까요? 이 문제는 좀 더 깊이 있게 들여다볼 필요가 있습니다.

어떤 개념을 이해했다면 그것을 쉽게 남에게 설명하여 납득시킬 수 있는 정도가 되어야 합니다. 어떤 수학 개념을 말로 또박또박 설명할 수 있다고 해도 그대로 암기한 것이라면 그 개념을 아는 게 아닙니다. '두 수의 공배수'를 정확히 언어적으로 '두 수의 배수 중 공통되는 수'라 설명하고, 예를 들어 4의 배수는 4, 8, 12, 16, 20, 24, …이고, 6의 배수는 6, 12, 18, 24, 30, …이므로 4와 6의 공배수는 12, 24, …라고 설명했다 해서 공배수의 개념을 정확히 이해했다고 볼 수 있느냐는 것이죠.

칸트에 따르면 일반적으로 개념을 이해한다는 것은 어떤 실생활에서 보는 수학적인 현상을 이미 알고 있는 수학 개념의 사례로 인식할 수 있음을 의미합니다. 조금만 더 들어보면 쉽게 이해될 겁니다. 칸트의 말은 어떤 실생활 경험을 수학 개념의 사례로 받아들일 수 있는, 즉 구체적인 실생활 사례들을 추상적인 수학 개념을 통해서 볼 수 있다는 것을 의미합니다. 한 번 더 쉽게 말하면 아이가 일상생활 속에 숨어 있는 수학의 의미를 발견하여 거기에 수학을 적용할 수 있는 단계까지 이르렀을 때 비로소 진정 수학의 개념을 이해했다고 볼 수 있다는 겁니다.

다시 공배수 얘기로 돌아가보겠습니다. 4와 6의 공배수를 말로 정확히 설명한 학생에게 실생활에서 공배수를 적용하는 상황이 닥쳤습니다. 그때 공배수의 개념을 적용하지 못한다면 그 학생이 공배수의 개념을 이해했다고 말할 수 없을 겁니다. 예를 들어 두 지하철 노선이 교차하는 환승역에서 한 노선은 4분 간격으로 운행되고 다른 노선은 6분 간격으로 운행됩니다. 아침 10시에 두 지하철이 이 역에서 만났는데, 저녁 6시까지 이 역에서 두 지하철이 동시에 만나는 횟수를 구하는 문제가 있습니다. 그런데 문제를 해결하기 위해서 두 지하철의 운행 시간을 일일이 나열하여 동시에 만나는 시간을 센다면 과연 이 학생에게 공배수의 개념이 있다고 말할 수 있을까요?

학교를 명예퇴직하고 요즘 새로 시작한 일 중 하나는 유럽 수학 체험여행단을 인솔하는 일입니다. 2011년 여름 전국수학교사모임 소속 '수학끼고가는여행팀'을 중심으로 이루어진 이태리 답사가 그 계기가 되었습니다. 2012년 1월에 제1차 수학끼고가는 유럽 수학체험여행이 이루어졌고, 7월에는 제2차 행사가 진행되었습니다. 2013년 1월에 제3차 행사를 계획하고 있습니다. 방학마다 계속 이 행사를 하려고 합니다. 제가 이 이야기를 하는 이유는 이 행사에서 정말 느낀 점이 많았기 때문입니다.

수학체험여행의 인솔을 맡으면서 아이들이 교과서로만 배우는 수학 지식과 실제 세계와의 연결이 얼마나 중요한지를 실감했습니다. 말이나 글이 아닌 직접 체험하고 활동하는 것을 통해서 아이들은 보다 정확히 수학을 체득하게 됩니다. 파리 콩코르드 광장의 오벨리스크는 아주 높지 않기 때문에 광장의 마당을 이용하여 높이를 잴 수 있습니다. 두 가지 방법을 생각할 수 있는데, 첫 번째는 일찍이 탈레스가 피라미드의 높이를 잴 때 사용한 방법으로, 그림자의 높이에 닮음의 개념을 적용하는 것입니다. 두 번째로 삼각비를 이용할 수도 있습니다. 책에서 글이나 그림으로만 보았던 수학 개념을 이용하여 현지에서 직접 측정하는 활동은 아이들의 눈을 반짝이게 했죠. 오벨리스크의 높이를 구하는 체험을 할 때 아이들은 의욕으로 충만했습니다. 저녁에 호텔로 돌아와 세미나를 열어보니 아이들은 불꽃 튀는 발표 모습을 보였습니다.

너무 높아 직접 재는 것이 거의 불가능한 에펠탑의 높이 측정은 수학적으로는 고등학교에서 나오는 삼각함수의 사인법칙을 이용합니다. 하지만 초등학생도 각도기와 축척을 이용하여 구할 수 있었습니다. 사인법칙을 이미 배운 고등학생이라도 그 상황에서 사인법칙을 이용하지 못하는 경우를 자주 발견합니다. 이런 경우 사인법칙을 진정 이해했다고 보기 어렵습니다. 반면 수학 교과서의 원리나 개념을 실제적으로 적용하는 체험을 한 이후로는 수학의 다른 부분에서 비슷한 개념이 사용될 때 놀라운 적용력을 보입니다. 수학에서 적용력이나 응용력은 실제적인 체험에서 비롯됩니다.

또한 교과서 속에서 배운 수학을 실제 세계와 연결할 때, 학생들은 생활 주변에 녹아 있는 수학을 경험하게 됩니다. 수학을 통해서 실생활의 여러 문제를 해결할 수 있다는 확신을 가지게 되죠. 그럼 수학에 대한 긍정적 태도를 가지게 되는 것은 당연합니다. 초등 수학에서 가장 중요하고 어려운 분수와 비례 관계, 중등 수학에서 역시 중요한 닮음과 삼각비, 그리고 삼각함수를 경험하는 것은 여행에서만 있는 것이 아니며 이후 학교에서 수학 수업 시간에 계속적으로 등장할 것입니다. 그리고 학생들은 그때마다 체험 활동을 떠올리며 스스로 문제 해결의 아이디어를 얻을 수 있을 것입니다.

생활 속의 수학

고등학교 정도에서 배우는 지극히 추상적인 수학 개념을 일상에서 접하기는 쉽지 않습니다. 그러나 초등학교 수학과 교육과정에 나오는 정도의 개념은 모두 일상생활 속에 있습니다. 하지만 부모가 그것을 이야기해주지 않는다면 아이는 생활 속에 수학이 있는지 모를 것입니다. 수학을 교과서에만 가두는 격이 됩니다. 그러면 아이의 수학적 능력은 축소되고 말 것입니다. 일상생활 속에 내재된 풍부한 수학적 개념의 영양분을 받지 못하는 수학 공부는 오래가지 못합니다. 그 생명력이 길지 않다는 뜻입니다.

아이가 일상에서 수학을 민감하게 접하도록 해야 합니다. 자고 일어나며 시간을 지키는 일, 시간을 계산하는 일, 물건의 개수를 세는 일, 가게에서 물건을 사고 그 값을 지불하는 일, 사온 물건의

양을 측정 단위에 맞게 살펴보는 일 등에서 부모는 뒤로 물러나 아이가 먼저 경험하도록 배려해보는 겁니다.

무심코 걸어 다니는 보도블록의 무늬에서도 도형의 개념을 이해할 수 있습니다. 우유에 들어가는 코코아 가루의 양을 통해 분수와 비의 개념을 익힐 수 있습니다. 중요한 것은 이 과정에서 적절하면서도 반성적인 사고를 불러일으키는 부모의 질문입니다. 이때 수학을 너무 직접적으로 강조하여 티를 내면 아이는 부모의 의도를 알아차리고 수학에 대해 거부감을 가질 수도 있습니다. 가급적 수학이라는 얘기나 수학 공부에 대한 부담이 없는 상태에서 이런 대화나 활동이 일상적으로 일어나야 합니다. 그래야 아이는 수학적인 개념을 습득하며 수학을 좋아하게 됩니다.

오늘부터 당장 시작해보세요. 아이가 학교에서 돌아왔을 때 "오늘 뭐 배웠니?"라고 묻기보다 "오늘 어떤 질문을 했니?"라고 물어보세요. 이때 "그래서?", "왜 그랬대니?", "넌 어떻게 생각하니?", "어떻게 될 것 같니?" 등의 질문으로 아이의 반성적인 사고를 지속시킬 수 있습니다. 수학이 아니더라도 이런 질문은 수학적인 사고를 키워주는 중요한 영양분입니다. 원인과 이유, 자기 나름의 결론을 생각하게 하는 질문은 아이의 수학적인 사고를 키워줍니다. 문제를 풀어야만 수학 공부를 하는 것이 아닙니다. 말로 표현하면서 논리적으로 생각을 정리하는 것이 훨씬 더 중요한 수학의 기초가 됩니다.

어떻게 하란 말이야?
공부하란 말이야!
수학의신
수 학

제6장

좋은 책을 골라주세요

창의사고력 수학 책으로는 어떤 것이 좋나요?
심화 문제집은 1년에 몇 권 정도 풀어야 하나요?
수학을 싫어하는 아이에게 적당한 문제집 하나 권해주세요.
권해주고 싶다.
그러나 수학을 공부하기에 가장 좋은 책은 없다.
모든 과목이 그렇듯이 수학 공부도 교재가 중요한 것이 아니다.
중요한 것은 공부 방법이다.
좋은 교재를 가지고도 나쁜 방법으로 학습한다면 아무런 효과가 없다.
아이의 특성에 맞게 학습하는 방법을 찾아가는 것이 좋은 책보다 중요하다.
그런데, 교과서는 정말 좋은 책이다.

책이 아니라 방법이다

2011년 수학사교육포럼을 열 때부터 생긴 고민이 하나 있습니다. 학부모들이 좋은 수학 교재를 추천해달라고 하는데, 제 대답은 항상 궁색합니다. 아직까지 우리나라에서 수학적 사고력을 키워주는 괜찮은 교재를 개발했다는 말을 들어보지 못했습니다. 사실 시중에 권할 만한 책이 별로 없다는 것은 제게도 큰 아쉬움입니다.

제가 수업을 진행하는 방식은 침묵입니다. 앞서서 가르치지 않고 아이들이 먼저 스스로 공부하는 것을 침묵으로 기다립니다. 그리고 후에 부족한 부분을 채워주는 방식으로 수업을 진행해왔습니다. 때문에 교사의 도움 없이 아이 혼자서 모든 것을 해결해야 하는 교재에 대한 구상을 아직 해본 적이 없습니다. 그래서 많은 요청에도 "글쎄요?"라는 대답으로 일관해왔죠. 그런데 좋은 책을 찾는 것이 조금 이상하다는 생각이 듭니다.

왜 좋은 공부 방법보다 좋은 책을 물을까요? 제가 가진 신념은 어떤 책으로 공부하더라도 공부하는 방법이 더 중요하다는 것입니다. 수학 책이라면 어느 것에든 수학 문제가 실려 있습니다. 이런 면에서 모든 수학 책에 큰 차이가 있는 것은 아닙니다.

책을 추천하기보다는 현재 아이들이 공부하고 있는 교재들의 문제점을 몇 가지 지적하려 합니다. 오히려 그런 것들을 참고하면 적당한 수학 교재를 고를 수 있지 않을까요? 수학 교재의 문제점은 다음과 같습니다.

첫째, 전과가 가진 문제점입니다. 전과에는 온갖 풀이와 해설이 자세하게 나옵니다. 아이들은 숙제를 한다든가 예습을 하는 동안 수학 교과서와 함께 이 전과를 옆에 펴놓고 같이 봅니다. 이때 교과서의 과제가 해결되지 않으면 즉시 눈이 전과의 풀이로 돌아갑니다. 그러면 풀이를 안 보려야 안 볼 수가 없습니다. 풀이를 보게 되면 두 가지 상황이 벌어집니다. 언뜻 이해가 되거나 이해가 되지 않을 것입니다. 풀이 과정이 이해되지 않으면 체크를 해놓고 나중에 공부하겠죠. 그런데 문제는 이해가 안 되는 것에 있는 게 아닙니다. 이해가 된 줄 착각하는 데서 큰 문제가 발생합니다.

어떤 과제를 해결할 때, 가장 중요한 것은 문제 해결의 실마리를 잡는 겁니다. 그 실마리를 찾지 못하면 과제를 해결할 수 없게 됩니다. 그런데 풀이 과정을 보면 그 실마리를 저자가 제공하고 있습니다. 그러므로 그 풀이를 보고 이해했다 하더라도 학생 스스로는 그 실마리를 찾아내는 사고 경험을 하지 못한 것이 됩니다. 남이 하는 것을 보고 이해한다는 것입니다. 이런 경우 나중에 그와 같은 과제를 다시 만났을 때, 남이 하는 것을 보지 않은 상태에서 본인 스스로 해결하려고 하면 역시 실마리를 찾지 못하게 됩니다. 실마리를 찾은 경험을 하지 못했기 때문입니다. 그래서 전과는 가급적 며칠 뒤에 보도록 해야 합니다. 한 번 해결하지 못한 과제는 체크해두었다가 다음날 다시 스스로 도전하게 해야 합니다. 그래야 실마리를 찾는 경험을 할 수 있습니다. 다음날이나 며칠 후에도 해결하지 못할 경우에는 전과를 볼 수도 있습니다. 이때 큰 문제가 되지 않는 것은 이미 아이가 실마리를 잡기 위한 경험을 했기 때문입니다.

교사나 부모가 문제 해결책을 가르쳐주는 것도 해답을 보는 것과 마찬가지로 위험합니다. 남의 말을 들을 때는 이해되는 것 같은 착각이 들거든요. 그런데 여기에서 문제 해결을 위해 생각하는 사람은 학생이 아닙니다. 학생은 가르치는 사람의 생각을 따라갈 뿐입니다. 그러니 문제 상황이 닥쳤을 때 스스로 해결할 능력을 갖지 못하는 겁니다. 학습은 스스로 구성하는 것이 가장 효과적입니다. 극단적으로 말하면 다른 사람이 가르쳐준 것은 아직 본인 것으로 내면화되지 않은 것입니다. 그리고 그것이 내면화를 방해할 수도 있습니다.

둘째, 문제집이나 참고서의 문제입니다. 문제집이나 참고서에는 문제만 있는 것이 아닙니다. 문제의 주제 또는 제목이 함께 나옵니다. 이런 문제집이 유행하는 것은 교사들이 수업할 때의 상황을 문제집으로 옮겨놓았기 때문입니다. 사실 이것은 과도한 친절입니다. 문제를 처음 보았을 때, 이것이 어떤 주제를 묻는지 파악하는 것 자체가 문제를 해결하는 실마리가 됩니다. 예를 들면, 초등학교 3학년 교재에 '나눗셈'이라고 제목이 붙어 있으면 상당수 학생이 문제를 잘 읽지 않습니다. 문제에서 숫자 2개만 찾아내 큰 수를 작은 수로 나누려 듭니다. 중학생의 경우 '일차함수의 활용'이라고 제목이 붙어 있으면 식을 '$y = ax + b$'라 써놓고 미정계수(수학의 함수식 등에서 변수가 아닌 문자)인 a와 b의 값만 구하려 들 것입니다. 이 문제에서 필요로 하는 역량의 90%는 이 문제가 일차함수인지 아닌지를 판단하는 능력입니다. 그런데 문제집은 이미 90%의 실마리를 제공합니다. 그럼 학생은 생각을 원천 봉쇄당하게 됩니다.

이런 식으로 공부한 학생들은 나중에 그 문제를 그대로 보아도 풀지 못하는 경우가 많습니다. 그것은 그 문제가 나눗셈을 해야 하는 상황인지, 일차함수 문제인지, 그 자체를 인식하지 못하기 때문입니다. 결국 문제의 주제와 제목이 주어진 교재는 중요한 사고의 기회를 빼앗아가는 셈이 됩니다. 학생들은 공부를 하면서도 사고력을 키우지 못하는 이상한 상황을 맞게 되지요.

셋째, 너무나 친절한 문제집은 학생들에게 별 도움이 되지 않습니다. 어떤 문제집들은 문제를 준 다음 옆쪽에 날개나 풍선 표시를 달아 온갖 힌트를 제공합니다. 그리고 미리 알아야 할 내용도

잔뜩 써놓았습니다. 다양하고 멋있는 디자인으로 말이죠. 힌트는 대부분 사고의 실마리나 결정적인 내용을 직접적으로 제공하는 경우가 많습니다.

2. 다음 설명 중 옳은 것은?

(ㄱ) 1의 자리의 수가 5의 배수인 자연수는 5의 배수이다.

(ㄴ) 1의 자리의 수가 4의 배수인 자연수는 4의 배수이다.

(ㄷ) 1의 자리의 수가 3이 배수인 자연수는 3의 배수이다.

(ㄹ) 1의 자리의 수가 9의 배수인 자연수는 9의 배수이다.

3. 다음 중 9의 배수는?

(ㄱ) 1329 (ㄴ) 1985 (ㄷ) 2345 (ㄹ) 2304

□힌트□

2. 1의 자리의 수만 가지고도 2나 5의 배수는 판별할 수 있지만 3이나 4, 9의 배수는 판별할 수 없다.

3. 각 자리의 숫자의 합이 9의 배수가 되는 수를 찾는다.

초등 5학년 〈배수와 약수의 이해〉

2번 문제에서 힌트를 보면 1의 자리의 수만 가지고 배수를 판별할 수 있는 것이 5뿐이므로 힌트만 보아도 답이 (ㄱ)임이 자명합니다. 9의 배수를 찾는 3번 문제에서도 힌트는 아이가 가지고 있어야 할 중요한 개념입니다. 그러나 그것을 생각할 틈도 없이 눈을 힌트로 돌리면 답이 나오게 됩니다. 다음 예시를 봅시다.

다음을 계산하시오.

(1) 40÷2 (2) 50÷5

(3) 90÷9 (4) 80÷4

☆40÷2는 4÷2
50÷5는 5÷5
90÷9는 9÷9
80÷4는 8÷4를
이용하여 계산합니다.

초등 3학년 〈나눗셈〉

초등 3학년에서 (몇 십)÷(몇)을 계산할 때, 0을 떼고 10의 자리의 수를 1의 자리의 수로 나눈 다음 몫에 0을 붙이는 방법을 학습합니다. 이 문제 오른쪽에 제시된 힌트는 아이가 나눗셈에서 가져야 할 중요한 개념입니다. 옆의 힌트를 보고서 이 문제를 푼 아이는 과연 학습을 했다고 볼 수 있을까요?

힌트가 없었다면 아이는 고민을 했을 겁니다. 반성적 사고를 통해 수학적 사고를 경험했을 겁니다. 그럼 사고력이 커졌을 테죠. 그러나 친절하게 제시된 힌트 때문에 아이는 스스로 학습할 기회를 빼앗겼습니다. 사실 교사나 교재의 친절은 공부하는 학생을 무시하는 처사입니다. 쉽게 풀게 하려는 의도가 있는 거죠. 그럼 자신의 실력을 착각하게 될 겁니다. 그때는 힌트 때문에 문제를 쉽게 풀겠지만 그 이후에 교사나 힌트가 없는 상태에서도 문제를 풀 수 있을까요? 아니죠.

이와 같이 교사의 너무 자세한 설명이나 교재의 결정적인 힌트는 학생의 자기 주도적 학습 능력을 저하시킵니다. 학생의 깊이 있는 사고 활동을 방해하는 것입니다. 학생들의 공부 패턴도 그렇습니다. 학생들은 낮에는 학교 수업을 듣고 밤에는 인터넷 강의를 듣습니다. 하루 종일 듣기만 합니다. 남이 하는 말, 인터넷이 주는 정보를 최대한 이용하면 본인 스스로 머릿속에서 고민하는 몫이 줄어듭니다. 사고할 기회도 그만큼 줄어듭니다. 공부를 한다고 책상에 앉아 있지만 사실 배우는 건 별로 없는 것입니다.

니콜라스 카는 21세기가 정보의 홍수 시대이며, 인터넷이 밀어내는 방대한 정보가 인간이 생각하는 방식을 매우 피상적이게 만들 것이라고 했습니다. 그래서 사람들은 깊이 있는 고민을 하지 않고 곧바로 답을 얻으려는 쪽으로 움직인다고 합니다. 그런데 깊은 생각을 싫어하고 고민을 하지 않는 사람의 뇌는 갈수록 작아지고 도태되어 나중에는 생각할 힘을 잃게 됩니다. 좋지 않은 환경에서 살아가야 하는 도시의 비둘기가 쾌적한 환경에 사는 산의 비둘기보다 뇌가 크다는 얘기도 그냥 웃어넘길 일이 아니겠죠.

친절한 교재와 자기 주도 학습

제가 고등학교를 다닐 때, 우리 집은 논농사를 짓는 시골이었습니다. 생활이 어려워 변변한 문제집을 살 형편이 못 되었죠. 위로 형이 다섯이나 되어 거의 대부분을 물려받아야 했습니다. 그런데 다행인지 불행인지 벽장에서 발행한 지 10년도 넘은 1960년대 수학 문제집을 하나 발견했습니다. 고등학교 1학년 중간 즈음부터 그 문제집을 풀기 시작했는데, 당시 문제집은 오탈자는 물론이려니와 거의 매 페이지마다 풀이나 해답이 틀린 것이 나왔습니다. 게다가 우리 학교 수학 선생님은 하필 수학 문제를 잘 풀지 못하는 분이었어요. 결국 수학 문제집의 풀이도, 학교 수학 선생님도, 믿을 곳이 없었습니다. 모든 것을 혼자 해결해야 했습니다. 그런데 오히려 그런 환경이 저의 수학 공부에 큰 도움이 되었습니다.

공부에 도움이 되는 수학 교재는 화려하고 풍부한 것보다는 뭔가 부족한 듯하게 풀이도 최대한 생략해서 학생 스스로의 의지를 만들어가게 해주는 것이 좋습니다. 하지만 그런 교재는 학생들이 좋아하지 않죠. 학생들은 디자인이 예쁘고, 친절하며 잘 구성된 화려한 문제집을 좋아합니다.

적어도 어떤 수학 교재를 사서 공부한다면 풀이집이라도 없앨 것을 권합니다. 없앤다는 말은 아예 버릴 수도 있다는 말입니다. 버리기 아깝다면 최소한 공부하는 책상 위에 동시에 펴놓는 일은 없어야 합니다.

사실 공부에 도움이 된다고 해도 위에서 말한 것 같은 수학 교재는 잘 팔리지 않을 겁니다. 결국 출판되지 않기 때문에 제가 권하는 수학 교재는 서점에 있을 수 없죠. 그래서 좋은 교재를 찾기가 너무나 어렵습니다.

그래도 좋은 교재에 대해 거듭 물으신다면 저는 이런 교재를 권하겠습니다. 한마디로 말해서 개념이 자세히 설명된 교재가 좋습니다. 대부분의 교재를 보면, 페이지 상단에 학습 내용을 간단히 요약하고 바로 문제 풀이로 넘어갑니다. 문제를 풀기 위한 알고리즘이나 요령, 공식 등을 아주 간단히 정리하여 외우게 한 뒤 문제를 풀게 하는 거죠. 그만큼 개념 설명에는 인색합니다. 이런 교재는 아이에게 별 도움이 안 됩니다. 문제를 풀어 설명하는 해답이나 해설이 잘된 책이 아니라 개념 설명이 풍부한 교재가 아이에게 더 큰 도움이 됩니다.

아이들이 문제를 모르는 경우는 개념을 이해하지 못한 경우와 인식 수준이 아직 그에 못 미치는 경우로 나뉩니다. 이런 문제는 학년이 올라감에 따라 저절로 해결될 가능성이 높습니다. 깨우치는 것이 늦을 수 있다고 인정하는 것도 필요합니다. 그것은 절망이 아닙니다. 언젠가는 반드시 깨우칠 것이라는 믿음을 가지면 반드시 깨우치게 됩니다.

수없이 많은 문제 중 몇몇 문제를 풀지 못한다고 해서 걱정할 필요도 없습니다. 어떤 문제는 사고의 깊이를 크게 요구하지 않으면서 쓸데없이 어렵게 꼬아놓기만 합니다. 또 어떤 문제는 문제를 위한 문제도 있습니다. 소위 응용문제라는 것들 중에는 아이가 풀지 않아도 될 문제도 많습니다. 고생해서 문제를 풀어도 별 도움이 안 되는 문제가 많은 겁니다.

이런 면에서 볼 때 교과서는 가장 이상적인 교재라 할 수 있습니다. 교과서는 다양한 방식을 통해 개념과 원리를 가르치는 책입니다. 교과서는 아이들이 활동하는 과정 속에서 개념과 원리를 스스로 찾아나갈 수 있도록 구성되어 있습니다. 참고서는 이미 내려버린 결론을 중시하지만, 교과서는 결론을 찾아가는 과정을 매우 중요하게 여깁니다. 논리적 과정이 충실하고, 다양한 방법론을 설명하고 있는 책은 교과서밖에 없습니다. 가장 보수적이고 답답할 것 같은 교과서야말로 사실은 가장 혁신적이고 새로운 교육적 의미를 담고 있는 책이라는 사실은 무척 의외입니다. 교과서에는 이론적으로 군더더기가 없이 서술되어 있기 때문에 학생에게 어렵게 느껴지는 설명이 적습니다. 교과서를 쉽게 풀어준다는 교사의 설명에는 많은 지식이 추가로 포함되기 때문에 오히려 이해를 방해할 수도 있습니다. 또한 교사나 어른의 설명은 수학 개념을 그대로 전달하지 않고 나름의 이해를 바탕으로 왜곡시킬 수도 있습니다.

수학 교과서를 한 줄 한 줄 읽어가면서 행간에 숨어 있는 내용을 해석해내는 능력이 개념을 이해하는 능력입니다. 문제가 닥치기 전에 개념을 기술한 부분에 대해서 남에게 정확히 설명할 수 있을 때까지 집중해서 공부해야 합니다. '왜냐하면…'이라는 말이 책에 기술되지 않았지만 아이의 생각에는 나올 수 있어야 합니다. 그것이 문제를 풀 때 그대로 되풀이된다는 것을 느끼는 순간, 즉 수학의 개념에 대한 이해가 곧 문제 풀이로 이어진다는 것을 경험하는 순간, 아이는 비로소 수학 공부를 온몸으로 하고 있는 것입니다. 수학에 감정이 이입된 것이죠. 몸으로 생각하는 수학 공부가 시작된 것입니다.

게임과 창의력

우리 아이들, 공부는 참 스스로 하지 않아요. 그렇게 하면 정말 좋을 텐데 말입니다. 그래도 능동적으로 하는 게 있긴 있죠. 게임 말입니다. 특히 요즘에는 스마트폰에 여러 게임이 있어서 아무 데서나 시간이 날 때마다 게임을 즐길 수 있습니다. 이건 누가 시켜서 하는 게 아닙니다. 자기 스스로 선택해서 하는, 즉 내적 동기로 하는 거죠. 그런데 왜 게임을 할까요? 재미있기 때문이겠죠. 그럼 게임 말고 아이들이 능동적으로 하는 것에는 뭐가 있을까요? 취미 활동을 비롯한 여가 활동도 능동적이겠네요. 하지 말라고 해도 이런 활동을 하는 것은 스스로가 필요성을 느끼기 때문입니다. 게다가 그런 활동 속에서 아이들은 자신이 주인공이라는 생각을 합니다.

그런데 아이들은 도전적인 게임을 좋아합니다. 자기 사고 수준보다 낮고 큰 고민을 필요로 하지 않는 단순 반복 게임은 금방 지루해합니다. 그렇지만 머리를 써가며 고민을 하는 게임, 그리고 자기 수준에서 다소 어려워 쉽게 해결되지 않지만 인내를 가지고 덤비면 이길 수 있는 게임을 좋아합니다. 게임은 그 과정에서 즉각적인 피드백을 얻을 수 있습니다. 이 피드백은 남이 주는 것이 아니라 자기 스스로 알 수 있습니다. 대부분의 게임은 수준이 다양합니다. 한 단계를 통과하면 그보다는 조금 더 높은 수준을 요구하는 게임이 나옵니다. 그러니까 게임에 일단 발을 들여놓으면 도중에 손을 놓지 못하고 3분만, 3분만 하다가 3시간 넘게 하는 경우도 생깁니다.

수학 공부도 마찬가지입니다. 자기가 푸는 문제집에서 절반 이상을 틀린다면 흥미나 도전감이 들지 않을 겁니다. 적어도 70% 이상은 스스로 해결할 수 있고, 30% 이내의 문제가 해결되지 않을 때 도전하고 싶고, 조금만 노력하면 해결할 수 있다는 자신감이 생깁니다. 초등학생의 심화 교재를 선택할 때의 기준을 70%로 잡는 이유도 그 때문입니다. 따라서 심화 학습에 적당한 교재는 정해져 있지 않습니다. 아이마다 다를 수밖에 없습니다. 가장 매력적인 심화 학습 교재가 바로 70% 정도를 스스로 해결할 수 있는 것이라고 보면 됩니다. 결국 나머지 30%를 해결하는 것이 그 아이에 맞는 심화 학습이 됩니다. 모르는 것이 너무 많으면 쉽게 포기하고 이런 것이 쌓이면 수포자, 즉 수학 포기자가 되고 말 테니까요.

외고 입시 열풍이 불고 영재교육원 지필 시험이 한창일 때는 창의사고력 수학이 유행이었습니다. 그때 대다수의 학원들이 고액의 수강료를 받으며 제공한 교육은 본래 의미의 '사고력', '창의력'과는 거리가 멀었습니다. 수학 실력을 장기적으로 탄탄하게 길러주는 혁신적인 학습 방법도 아니었고, 난이도가 있는 수학 문제의 유형별 반복 풀이였습니다. 지금도 창의사고력 수학은 하나의 문제 유형처럼 되었습니다.

그럼 창의사고력 문제를 풀면 창의력과 사고력을 키울 수 있을까요? 거듭 강조하지만 창의력, 사고력 문제집을 보면서도 창의력과 사고력을 기르는 방식으로 공부하지 않으면 소용이 없습니다. 교과서를 공부하더라도 얼마든지 창의력과 사고력을 기를 수 있습니다. 결국 어떤 문제집을 사서 공부하는 것이 효과적인가에 대해서는 답하기가 어렵습니다. 대신에 어떤 문제집이든 그것을 학습하는 방법이 더 관건이라는 것만은 강조하고 싶습니다. 일단 단순 연산 교재보다는 창의사고력을 키울 수 있는 문제집이 더 좋을 것입니다. 하지만 그것을 마치 유형별 문제를 풀듯이 반복하는 학습은 아닙니다. 어느 한 문제라도 스스로 해결하려 노력하면서 이전에 배운 수학의 여러 개념을 충분히 연결하고, 적용하는 경험을 하는 것이 중요합니다.

인지 발달 단계는 구체적 조작기

TIP
구체적 조작기는 심리학자 피아제의 인지 발달 단계 중 셋째 단계로, 구체적 사물에 대한 논리적 조작이 가능한 시기다.

아무리 좋은 교재도 아이의 수준에 맞지 않으면 소용이 없습니다. 피아제가 주장한 구체적 조작기에 해당하는 초등학생에게는 구체적인 조작 활동이 가능하도록 만들어진 수학 교재를 권하고 싶습니다. 스스로 만들어보는 것보다 더 훌륭한 공부는 없습니다. 구체적인 조작 활동은 가급적 종이나 가위, 풀 등의 기본 재료만으로 모든 도구를 스스로 만드는 작업부터 시작하도록 해야 합니다. 시중에 떠도는 어떤 조작 도구는 모든 것을 다 만들어주고 조립만 하도록 되어 있습니다. 하지만 그런 모형을 제작할 수만 있다면 학생에게 맡기는 것이 최고입니다.

포장된 용기에 담긴 국거리를 사다가 집에서 물만 붓고 끓여 먹는 식의 요리는 누구나 할 수 있습니다. 그렇지만 그 국을 자신이 만든 요리라고 자신 있게 내놓지는 못하죠. 물만 붓고 끓였다면 국을 끓인 경험을 하지 못한 것입니다. 그럼 앞으로 여러 재료가 주어지더라도 국을 끓일 능력은 없을 것입니다. 마찬가지로 아이들이 원 재료로 조작하지 않고, 완제품을 가지고 놀면 아이들은 그만큼 사고할 기회를 버리게 됩니다.

아울러서 피아제가 구체적 조작기에서 형식적 조작기로 이행하는 시기가 중·고등학교라고 하는 것에 대해서도 해석을 잘 해야 합니다. 중·고등학생들은 구체적 조작기가 아니므로 수학을 배우는 방법 자체가 형식적인 조작만 하는 것으로 착각하는 주장이 많습니다. 그러나 어떤 수학 개념이라도 처음 배울 때는 구체적인 조작으로 시작해서 형식적인 조작, 즉 수학적인 추상화가 가능하게 된다는 것으로 해석해야 합니다. 즉, 고등학생이라고 할지라도 어떤 개념을 처음 배울 때는 다양한 형태의 조작 활동이 필요합니다.

TIP
형식적 조작기는 지적 발달 단계에서, 언어나 기호 따위를 사용하여 논리적 사고를 하는 11~12세 이후의 시기다. 형식적 조작기의 사고는 성인들과 다름이 없다.

고등학생이지만 아직 형식적 조작기의 사고를 하지 못하는 학생들이 많습니다. 형식적인 사고를 할 줄 안다고 하더라도 수학자가 아닌 이상 많은 상황에서 형식적 사고가 곧바로 일어나지는 않습니다. 성인이 되면 어떤 생소한 상황이 닥쳤을 때 그 상황을 바로 이해하고 분석하여 명쾌한 결론을 이끌어낼 수 있을까요? 스마트폰을 처음 접했을 때 손쉽게 모든 기능을 익히고 사용할 수 있었나요? 아닐 겁니다. 당연히 이것저것 만져보고, 이리저리 사용하고 조작하는 경험을 통해서 사용법을 터득했을 것입니다. 수학의 개념도 처음 닥쳤을 때는 다양하고 구체적인 조작 체험을 통해 그 특성을 이해하고 익혀나가야 합니다. 저는 아직도 손가락셈을 많이 하고 있답니다.

특별 부록 ❶

엄마가 가장 궁금한 초등 수학 Q&A 77

초등 저학년(1, 2학년)

Q1

초등 수학에서 스토리텔링 수학이 유행입니다. 앞으로 아예 스토리텔링 수학으로 바뀐다는데 어떻게 대비하고, 어떤 수업을 받으면 될까요?

A1

스토리텔링이 수학 교과서에 대두된 경위는 학생들이 수학을 어려워하고 싫어하기 때문입니다. 그래서 수학을 '쉽게 가르치고 재미있게 배우는' 방법의 하나로 제시된 것입니다. 시중에는 스토리텔링이 앞으로 수학교육의 대세가 될 것으로 선전하는 사교육 업체가 많은데 수학 교과서의 변화는 별로 없습니다. 이번에 새로 바뀌는 초등학교 1, 2학년 교과서에도 교과서 전체 중 두 단원만 스토리텔링 기법을 도입해서 구성했을 뿐입니다. 스토리텔링은 따로 대비할 것이 하나도 없습니다.

Q2

엄마표는 제가 꾸준히 신경을 못 써줘서 힘들고, 같이 문제집을 풀려고 해요. 어떤 책이 좋을까요?

A2

문제집보다는 수학 교과서와 익힘책이 우선입니다. 혹시 아이가 수학 교과서와 익힘책의 내용을 어느 정도 소화하는지 체크해보셨나요? 지금 즉시 확인하시고 부족한 부분이 있다면 해당 부분에 대한 복습을 먼저 하십시오. 그리고 교과서와 익힘책을 100% 소화했다고 판단되었을 때 다른 문제집을 고민하시기 바랍니다. 중요한 것은 해당 학년의 학습 내용을 체크하는 것이지 선행학습이 아닙니다.

Q3

주산, 암산이 수학 계산력 향상에 도움이 되나요?

A3

우리나라에는 주산이 10단인 분들이 많았습니다만 이들이 수학자가 된 사례는 거의 없습니다. 심지어 수학과에 진학한 사례도 거의 없습니다. 주산과 수학은 아무런 관계가 없습니다. 주산은 일종의 단순 암기입니다. 수의 계산을 암기하기 때문에 일시적으로 계산을 잘하는 듯하지만, 초등학교 과정 일부에서 계산하는 시험문제를 조금 잘 맞히는 효과가 있을 뿐입니다. 하지만 중·고등학교에 가면 아무런 쓸모가 없습니다. 중·고등학교에서는 문자가 낀 수식에서 계산이 이루어지므로 주산이 전혀 필요하지 않습니다.

Q4

초등 1학년인데 아이가 아직도 수를 더하거나 뺄 때 손가락을 이용합니다. 묶음 수를 셀 때도 묶어서 세는 게 빠르다고 가르쳐주었지만 소용이 없습니다. 제가 뭘 잘못하고 있는 건가요?

A4

어른이 되어도 수시로 손가락을 이용합니다. 저도 가끔은 이용하거든요. 고학년으로 올라가도 손가락셈을 나무라지는 마세요. 몇 개씩 묶어 세는 것이 편리함을 본인이 체득할 때가 되면 세는 방법이 좀 더 세련되어질 것입니다. 손가락을 이용하는 것보다 묶어 세는 것이 편리하다는 것만 주지시키고 판단과 행동은 본인의 발달에 맡기는 것이 좋습니다.

Q5

2학년 쌍둥이 딸들에게 어떻게 하면 구구단을 잘 이해하도록 가르칠 수 있을까요? 6단부터는 너무 어려워해서 잘 모르네요.

A5

구구단, 즉 곱셈구구는 초등학교 2학년에서 처음 나온답니다. 아마 부모님도 그 나이에 억지로 나머지 공부하면서 외웠던 기억이 있을 것입니다. 구구단을 능수능란하게 외우는 것은 2학년 아이들에게 쉬운 작업이 아닙니다. 가끔 텔레비전 오락 프로에서 연예인들이 구구단을 외우지 못하고 틀리는 것을 보면 성인들도 구구단에 대한 기억이 쉽지 않다는 것을 알 수 있습니다. 곱셈은 본래 덧셈에서 유래한 것입니다. 덧셈 중 '6+6+6+6'과 같이 똑같은 것을 반복해서 더하는 동수누가의 상황을 곱셈 '6×4'로 바꿀 수 있고, 이런 것들을 모아놓은 것이 구구단입니다. 원리를 이해한 다음에는 일정 부분 운율을 두어서 암송하도록 지도하는 것이 꼭 필요합니다.

Q6

아이가 계산을 잘못해서 문제를 많이 틀려요. 어떻게 도와줄 수 있을까요?

A6

계산을 잘못해서 틀린다면 계산의 이해력을 높여주어야 합니다. 초등 저학년의 계산은 덧셈과 뺄셈, 그리고 곱셈이 주를 이룹니다. 이 중에서 덧셈과 뺄셈은 구체물에서 수식으로 넘어가는 추상화 과정에서 막히는 아이들이 많습니다. 이런 경우 다양한 구체적인 상황에서 덧셈과 뺄셈을 연습해보도록 하고, 그것을 수식으로 추상화하는 과정을 길게 잡고 가야 할 것입니다. 서두른다고 추상적인 능력이 바로 생기지 않습니다. 그리고 2학년에 배우는 곱셈은 일단 같은 수를 반복해서 더하는 동수누가의 원리를 이해하는 것도 중요하고, 원리를 이해한 후에 구구단을 외우게 하는 것까지가 병행되어야 합니다. 구구단은 이후에 배울 나눗셈의 중요한 기초가 됩니다.

Q7

초2인데 쉬운 연산도 자주 실수합니다. 어떻게 교정할 수 있을까요? 학습지를 시켜보고 있는데, 그래도 교정은 잘 안 됩니다.

A7

연산이 약한 것은 연습이 부족해서가 아닙니다. 연산에도 원리가 있습니다. 그리고 훈련이 뒤따라야 하지요. 원리를 모른 채 단순 암기 훈련을 반복하면 한계가 뻔합니다. 암기라는 것도 가끔은 기억나지 않을 때가 있습니다. 그럴 때면 원리에 대한 이해를 수시로 되돌아보아야 합니다. 정확히 이해한 것은 오래 기억합니다. 학생들은 귀찮아하지만 교과서에서는 한 가지 연산을 여러 방법으로 풀어볼 것을 권장합니다. 이것을 꼭 해야 하는 의무사항으로 보면 골치가 아플 뿐이므로 창의력을 키운다는 생각으로 편안히 접하도록 해야 합니다. 연산의 원리를 터득하면 다양한 방법은 오히려 재미로 남습니다.

Q8

초2 아들입니다. 연산식은 정말 잘하는데 서술형 문제가 나오면 생각하지 않으려 합니다. 다시 풀어보자고 하면 그때는 잘하는데, 깊이 생각하지 않고 모르겠다고만 합니다. 수학 학원에 보내야 할까요?

A8

연산식을 잘하는 것은 훈련의 덕택일 가능성이 많습니다. 제가 초등학교 수학 수업을 관찰한 바에 따르면, 두 수가 주어지고 덧셈이나 뺄셈이라는 연산이 주어지면 가로셈과 세로셈을 받아올림이나 받아내림이 있는 것까지 잘 해결하다가도 문장이 주어지면 그것을 수와 연산이 포함된 수식으로 바꾸지 못하는 아이가 많습니다. 이것은 연산 능력 부족이 아니라 문맥에 대한 이해 부족에서 생긴 일입니다. 독서를 통하여 어휘력과 이해력을 다져야 합니다. 수학 학원에 보내기보다는 집에서 독서를 많이 할 수 있는 환경과 분위기를 조성해주는 것이 필요합니다.

Q9

3학년 올라가는 아이가 있습니다. 제가 수학을 잘하지 못해서 2학년 때도 전과를 보고 설명해줄 때가 많았는데요. 3학년 되면 더 어려워진다고 해서요. 지금처럼 전과가 도움이 될까요?

A9

부모님이 지금까지 가르치셨군요. 기왕 가르치셨으니 아이가 중학교 졸업할 때까지 변함없이 가르쳐보기를 권장합니다. 정 힘들면 초등학교 과정이라도 함께해주세요. 아이를 가르칠 때는 기본적으로 부모가 일방적으로 가르치려 하지 말고 아이에게 그날그날 학교에서 배운 것을 언어와 생각으로 표현하도록 유도하는 시간이 많으면 좋겠네요. 그러다 보면 전과의 필요성이 줄어듭니다. 그러나 부모나 아이가 모두 모를 경우가 있으므로 전과를 두고 필요할 때마다 펼쳐볼 수 있으면 안심이 되겠지요.

Q10

초등 2학년 여아를 두었습니다. 집에서 수학을 하고 있고요. 단원 평가를 통해서 규칙적으로 문제를 풀게 하는데, 아이가 이해한다고 하면서도 황당한 답을 써놓을 때가 있습니다. 제가 설명을 잘 해주는 것도 아니어서 방문 학습지 교육을 시켜볼까 하는데, 그러면 좀 나아질까요?

A10

아이가 이해한다고 하는 것을 그냥 넘어가지 말고 이해한 바를 표현하도록 시켜보세요. 예를 들어 길이의 합과 차를 구하는 단원에서 문제를 풀기 전에 실제로 그 원리를 설명하게 해보시기 바랍니다. 이 과정에서 부모가 아이의 설명을 듣고 이해가 간다면 아이는 그 원리를 제대로 이해한 것으로 판단할 수 있습니다. 이렇게 원리의 이해 정도를 정확히 파악한 후에 다시 문제를 풀게 하면 황당한 답을 쓰는 경우가 줄어들 것입니다. 서두르지 마시고 원리부터 다져나가기 바랍니다.

Q11

책 읽기가 아무리 중요해도 수학에 도움이 될까요? 독서의 효과가 어느 정도인 건가요?

A11

독서는 수학 못지않게 대단히 중요합니다. 초등 시절에는 독서를 통해서 이해력과 어휘력을 넓혀놓아야 합니다. 고등학교 수학 문제를 보면 문제 하나에 보통 서너 가지 개념이 얽혀 있습니다. 그것의 선후 관계를 따지고 문제의 조건을 분석할 때 초등 시절의 독서가 큰 힘을 발휘합니다. 눈에 드러나지 않아서 잘 모르고 지날 뿐이지요. 초등학교에서는 독서가 수학의 기본이 된다고 해도 과언이 아닙니다.

Q12

초1인데 학습지를 통해 더하기를 1부터 10까지 배우고 빼기는 1부터 4까지 하고 중단했어요. 그리고 이후에는 저와 학습하고 있습니다. 근데 아이가 두 자리 수 빼기는 잘 못합니다. 쉽게 설명해줘도 이해를 못해요. 어떻게 알려주면 아이가 쉽게 받아들일까요?

A12

초등 1학년인데 벌써 두 자리 수 빼기를 가르치는 것은 무리입니다. 아이의 연산 능력이 탁월하면 몰라도 가급적 학년을 벗어난 선행학습은 자제하는 게 좋습니다. 엄마가 수학 개념을 쉽게 설명한다고 하는 것은 그 설명이 이미 교과서의 것이 아닐 것입니다. 엄마가 쉽다고 이해하는 방식과 아이의 이해 방식에는 큰 차이가 있습니다. 교과서의 방식이 아이의 인지 발달 과정에 가장 적합합니다. 가급적 교과서 방식대로 지도해주는 게 좋습니다.

Q13

초등 2학년 아이입니다. 수학에서 도형을 여러 개 쌓아놓고 위에서 본 모양, 옆에서 본 모양, 전개도 문제를 어려워해요. 이런 건 어떻게 가르쳐야 할까요?

A13

초등학교 저학년은 구체적 조작기의 가장 중요한 시기입니다. 교과서의 나무 쌓기가 아니더라도 생활 주변의 다양한 물건을 직접 놓고 여러 방향에서 본 모양을 그려보는 경험을 거치는 작업이 많이 필요합니다. 블록 등을 이용해도 좋습니다. 실물을 보고 그리는 것이 가능해지면 점차 교과서나 그림을 보고 여러 방향에서 본 모양을 추측해내도록 하는 과정으로 조심스럽게 넘나드는 것을 여러 번 진행하면서 아이에게 공간 감각이 생기도록 기다려주세요.

Q14

초등 2학년입니다. 나눗셈 세로식을 어려워하는데, 이해시킬 방법이 있나요? 방학 동안 복습이랑 예습으로 나눗셈에 대한 부분을 학습하고 있는데 아무리 설명해도 세로로 계산하는 방법을 이해하지 못하는 것 같습니다. 그리고 나머지가 있는 경우와 나머지가 없는 경우의 나눗셈을 헷갈려 합니다.

A14

나눗셈 세로식은 3학년에서 1, 2학기 내내 시간을 들여 오랫동안 가르치는 내용입니다. 그것을 2학년에게 시킨다는 것 자체가 무리일 수 있습니다. 3학년이 되기를 기다렸다가 학교에서 배우게 되면 집에서 복습을 통해 아이에게 나눗셈 개념이 제대로 생기도록 하는 것이 좋습니다. 그리고 교과서에서는 나눗셈을 여러 가지 경우로 나누어 가르치지만 결국 나눗셈을 하는 원리는 하나입니다. 나머지가 있거나 없거나 그 방법은 하나뿐이지요. 그것을 아이가 이해하도록 하면 됩니다.

Q15

초등 1학년입니다. 수가 커지거나 많아지면 힘들어해요. 예를 들어 (두자리)÷(한자리)나 (세 자리)÷(한 자리) 계산은 잘하는데, 수가 많아지거나 계산 과정에서 수가 커지면 겁부터 냅니다.

A15

1학년 교육과정에서는 덧셈과 뺄셈의 연산만 주어집니다. 너무 선행을 하고 계시네요. 1학년 과정에서는 한 자리 수끼리의 연산을 다루는데, 한 자리 수끼리 덧셈을 하다 보면 10을 넘어가기 때문에 덧셈의 역연산이라고 할 수 있는 뺄셈에서도 10이 넘는 수에서 한 자리 수를 빼는 것까지만 다룹니다. 그런데 세 자리 이상의 나눗셈을 하는 것은 3학년 수준도 넘는 것이어서 지나친 선행이 됩니다. 아이가 겁을 먹게 되면 수학에 대해 부정적인 태도를 갖게 될 수 있으니 자제하시기 바랍니다.

Q16

초등 2학년 남자아이를 두고 있습니다. 아이가 식 계산을 잘 못합니다. '27+29'의 답은 아는데, 27+29=27+( )-1=( )-1=( ), 이런 식의 문제는 이해하지 못합니다.

A16

이런 식의 변형을 이해하지 못하는 아이에게 필요한 것은 등호의 개념입니다. 등호는 양쪽이 같다는 뜻이지요. '5+3=8'이라는 식을 읽을 때 아이들은 두 가지 방식을 보입니다. '5 더하기 3은 8이다.', '5더하기 3은 8과 같다.' 두 가지 다 개념적으로 이상이 있는 것은 아니지만, 등호 개념이 명확한 것은 뒤의 것입니다. 그러므로 등호 개념이 부족한 아이에게는 가급적 등호 개념이 있는 방식으로 읽게 하고, 등호는 양쪽이 같다는 뜻이므로 이 개념으로 문제를 해결하도록 지도해주세요.

Q17

초등 2학년 딸인데요. 다른 아이들보다 한 살 어리게 입학해서 여러 가지로 힘든 점이 있는 것 같아요. 특히 수학을 힘들어하는데 수학에 대한 개념 자체가 다른 아이보다 좀 늦고, 연산 속도도 늦습니다. 그래서 아이를 가르치다 보면 답답함에 윽박질을 하기도 합니다. 아이가 수학에 흥미를 가지고 쉽게 이해하도록 도와주고 싶습니다.

A17

어릴 때 한 살의 차이는 대단한 것일 수 있습니다. 수학 교육과정은 아이들의 인지 발달 과정을 세심히 고려해서 만든 것입니다. 그러므로 아이가 힘들어하는 이유가 아직 다른 아이들보다 나이가 어린 탓일 수 있습니다. 제 자식은 선생님도 가르칠 수 없다는 말이 있듯이 엄마가 가르치려다 보면 자기 자식이다 보니 기다리지 못하고 소리가 높아지며 화가 치솟는 것이 인지상정입니다. 그러므로 가르치기보다는 아이가 이해한 대로 설명하고 표현하게 하는 쪽으로, 뒤따라가는 방법으로 전환할 것을 권장합니다.

Q18

초2 수학 과정에는 여러 가지 방법으로 풀기가 많이 나옵니다. 아이가 연산을 못하는 것은 아닌데, 가르기, 모으기해서 계산하는 것을 어려워해요. 제 생각에는 가르기, 모으기가 원활히 되어야 다른 사칙연산에서도 힘들지 않을 것 같은데, 어떻게 하면 좋아질까요?

A18

일단 어떤 방식으로든 결과가 나온다면 다행입니다. 가르기와 모으기 개념이 중요한 것은 사실이지만 그 용도가 구체적으로 아이에게 다가오지 않을 때는 아이가 자기 방식으로만 계산하는 것을 고집할 것입니다. 그것은 그 아이만 그런 것이 아니라 모든 인간의 기본 성질입니다. 그러므로 때가 좀 지나서 그런 개념이 필요할 때가 되면 어느 순간 그런 개념을 이용하게 되는 경우가 많아집니다. 연산 방법에 가르기와 모으기만 있는 것은 아니니까요.

Q19

초등 2학년 아이를 두었습니다. 수학을 따로 공부시키지는 않고 있습니다. 아이가 수학을 좋아하지 않아서요. 주위에서는 문제집을 매일 한 장씩 풀리라는데, 이런 방법 말고 수학을 매일 꾸준히 학습하게 하는 방법이 있을까요?

A19

수학은 매일 꾸준히 해야 하는 것이 맞습니다. 그런데 수학을 좋아하지 않는 것이 문제군요. 어린아이인지라 수학에 대한 중요성 또는 필요성이 아직 이해되지 않을 것입니다. 부모가 먼저 수학의 중요성을 이해하는 것이 필요합니다. 그래서 아이에게 왜 수학이 필요한지를 일상생활에서 이해시킬 수 있어야 합니다. 수학을 싫어하게 된 계기가 있을 것으로 생각됩니다. 아이에게 수학을 억지로 시키는 과정에서 반발감이 생긴 것으로 보이는데, 이제는 서둘면 안 됩니다. 아이와 타협하여 날마다 수학 공부 시간을 조금씩 늘려나가는 방법이 필요할 것으로 보입니다.

Q20

초등 2학년 여자아이 엄마입니다. 어릴 때부터 문제 풀이를 시키면 아이가 수학을 싫어할 것 같고, 안 시키자니 불안합니다. 한글도 안 가르치고 같이 학교에 입학시켰던 엄마들도 수학만큼은 매일 꾸준히 공부하게 하던데, 어떻게 하면 좋을까요? 아이를 붙잡고서라도 가르쳐야 할까요, 아니면 제 소신대로 하면 될까요? 고학년 되어 발등에 불 붙으면 좌절하고 후회한다고들 하던데요.

A20

저학년에 나오는 수학의 기본 개념을 이해하지 못한 채로 중학년이나 고학년으로 올라가면 어떻게 될 것인지는 뻔히 보이지요? 초등학교의 수학 개념은 대부분 일상생활에서 찾을 수 있습니다. 그래서 부모는 아이가 초등학생인 경우 수학에 민감해야 합니다. 길을 걸어가거나 시장에서 장을 볼 때, 항상 아이에게 수학적으로 의미 있는 것을 질문하면서도 수학 공부라는 표가 나지 않게 생각하고 고민하게 해주면서 서서히 아이의 수학적인 감각을 키울 수 있으면 좋겠습니다. 그리고 교과서 내용은 어떻게 해서라도 아이가 이해하도록 해야겠지요.

Q21

우리 아이는 서술형 문제인데도 풀이 과정을 쓰지 않고 답만 쓰는데, 답이 맞아요. 풀이 과정을 쓰라고 해도 왜 써야 하느냐고 묻는데 대답해주기가 막막해요. 어떻게 설득하죠?

A21

요즘 학교 평가에서 서술형이 강조되고 있어서 신경이 많이 쓰일 것입니다. 서술형을 강조하는 것은 수학의 특성상 바람직한 일입니다. 과거 서술형이 강조되지 않을 때는 선다형이나 단답형이 주를 이루었겠죠? 선다형이나 단답형으로는 수학의 과정을 평가하는 것이 어렵습니다. 심지어 과정을 정확히 모르면서도 대충 찍어 답을 맞히는 요행심마저 키워주는 비교육적인 현상이 벌어지기도 했지요. 풀이 과정을 쓰는 이유를 잘 설명해주세요. 자기 생각이 옳다는 것을 남에게 주장해서 인정 받으려면 당연히 남을 설득하는 과정이 필요한데 그것이 바로 과정을 서술하는 것과 같다는 등의 이유를 납득시켜야 합니다.

Q22

초등 1학년 아들을 두었습니다. 우리 아들은 문제를 대충 읽고 풀기 때문에 실수가 많아요. 걱정입니다.

A22

문제를 읽지 않고 대충 푸는 습관은 반드시 고쳐야 하겠지요. 이는 비단 수학 문제 풀 때만 벌어지는 현상이 아니라 모든 과목에서 나타날 것입니다. 수학 문제는 조건 하나하나가 중요한 역할을 하기 때문에 대충 읽어서는 문제에서 원하는 바른 답을 쓰는 것이 쉽지 않습니다. 특히 문장제로 된 수학 문제를 천천히 말로 읽도록 시켜보시기 바랍니다. 이런 아이는 문장의 맥락을 따라 정확히 띄어서 읽지 않고 막 읽어댈 가능성이 큽니다. 그런 것을 보면 이 아이는 대충 읽는 것이 아니라 문장의 뜻을 이해하지 못하는 것이므로 시급히 고쳐줘야 합니다.

Q23

우리 아이는 문장을 읽고 수식으로 표현하지 못해요. 식을 세우지 못하거든요. 어떻게 하면 식을 세울 수 있을까요?

A23

문장을 읽고서 수식으로 표현하지 못하는 것은 아이의 사고가 아직 구체적인 수준에 머물러 있는 것입니다. 예를 들면 '마이쮸 8개가 있는데 동생에게 3개를 주면 남은 것은?' 하고 물었을 때 아이가 5개라고 답을 할 수 있겠지요. 이 상황을 식으로 쓰면 '8-3=5'라고 써야 하는데, 이 과정이 아직 잘 안 되는 아이가 저학년에는 많습니다. 구체적인 마이쮸 개수를 추상적인 수로 바꾸지 못하기 때문인데, 초등 저학년은 한마디로 추상화의 시작이라고 보시면 됩니다. 아이가 식을 세울 수 있을 때까지 다양한 상황을 경험하게 해주세요.

Q24

요즘 영·유아와 초등생을 대상으로 창의 수학 열풍이 불고 있습니다. 안 하면 나중에 공간 개념이 생기지 않는다는 반협박성 문구가 많던데요. 정말 '가베'나 창의 수학이 얼마나 효과가 있는지, 교육 현장에서도 사용하는지 궁금해요.

A24

지필 위주의 문제 풀이가 아닌 활동 위주의 학습은 바람직하다고 생각합니다. 오히려 중·고등학교 때까지도 수학 공부를 체험 위주로 시키는 것이 효과적이라고 생각합니다. 다양한 경험과 자신의 힘으로 체험한 것은 기억이 오래가며 더 쉽게 자기 것으로 소화해낼 수 있습니다. 그러나 사교육에서 하는 가베 등은 가격에 비해 교육 효과가 의심스럽습니다. 가베 등의 교육이 꼭 수학 학습과 직결된다고 보기는 어렵습니다. 시중에 단품으로 나온 퍼즐이나 수학 체험 교구 등을 값싸게 구입해서 가지고 놀도록 하는 것이 좋겠습니다.

Q25

아직 유치원생인데요. 초등학교 입학 전까지 두 자리 수 덧셈과 뺄셈, 그리고 구구단까지 외워야 한다고 들었습니다. 어떻게 지도해야 하나요?

A25

천재를 많이 키워낸다는 이스라엘 유아교육의 원칙 가운데 하나는 수와 문자의 개념에 대한 지도를 금한다는 것입니다. 수와 문자를 스스로 깨우칠 수도 있지만 그보다 예절 교육이나 지능 개발을 위한 만들기, 그림 그리기, 노래 부르기 등이 유치원에서 주로 진행된다고 합니다. 어린 아이들에게 추상적인 개념을 너무 일찍 강요할 때 생길 스트레스를 고려한 것이죠. 초등 1학년 중에도 '하나, 둘, 셋, …'이렇게 세다가 갑자기 '일, 이, 삼, …'으로 바뀌더니 '1, 2, 3, …'으로 쓰는 변화에 어리둥절한 아이들이 많답니다.

Q26

저학년인데 수학 동화책이나 수학 잡지 종류의 책들을 읽히는 게 도움이 되는지요?

A26

수학 공부에는 자신감이 중요합니다. 초등 시절에는 꼭 수학에 관련된 도서가 아니라 다양한 독서가 필요합니다. 아이들에게 필요한 것이 이해력과 상상력, 표현력이라면, 독서는 이 모든 것을 도와주는 중요한 활동입니다. 다양한 독서를 하면서 수학 동화책이나 수학 잡지를 읽어야 아이가 영양실조에 걸리지 않고 고르게 성장할 수 있습니다. 독서의 결과가 당장 점수로 나타나지는 않습니다. 그러나 수학 독서로 수학에 대한 인식이 바뀌면 아이들이 성장해서 고등학교에 잘 적응할 것이라고 기대할 수 있을 것입니다.

Q&A 초등 중학년(3, 4학년)

Q27

아이가 초등 4학년인데 저에게 수학 문제를 물어보면 도무지 어떻게 설명을 해줘야 될지 알 수가 없어요. 형편상 과외는 어렵고, 지침서라든가 수학 문제를 설명하는 데 도움이 되는 방법이 있을까요?

A27

초등 4학년이라면 아직 부모가 아이를 가르칠 수 있는 시기입니다. 아이가 물어보는 문제가 교과서 내에 있는 것이라면 아이는 교과서를 다시 공부하고 이때 부모도 같이 교과서를 공부하여 가르칠 수 있겠지요. 형편이 되더라도 자칫 과외나 학원에 맡겨서 아이의 상태가 어떻게 변해가는지를 모르는 것보다 직접 부모가 아이와 함께 공부하는 것이 좋습니다. 4학년 정도의 수학 개념을 옛날 실력으로 가르치려 한다면 쉽지 않을 것입니다. 교과서 처음부터 부모가 시간을 내서 개념을 충분히 익히면 가르칠 수 있을 것입니다.

Q28

초등 3학년인데 평면도형의 이동 부분에서 도형 돌리기, 뒤집기, 거울의 위치에 따라 변하는 모습 등을 어려워하네요. 모눈종이에 그려서 돌려본다거나, 문제를 풀거나, 직접 거울에 대보는 방법 외에 다른 좋은 방법은 또 없을까요?

A28

3학년 아이들이 어려워하는 부분 중 하나가 바로 평면도형의 이동 부분입니다. 어려워하는 부분이 있다면 다양한 구체물을 이용하는 방법으로 시작해야 합니다. 돌리기와 뒤집기가 어려울 것입니다. 시곗바늘과 같이 한쪽이 고정된 구체물을 이용하면 돌리기를 할 수 있습니다. 투명 용지를 이용하여 도형을 붙여서 뒤집으면 뒤집기를 할 수 있습니다. 이렇게 해서 돌리기와 뒤집기 개념을 기초적으로 잡은 후에 구체물을 이용하지 않고 도형을 이동시키는 작업이 서서히 가능하게 됩니다.

Q29

수학에 있어 기초가 없는 아이들의 경우, 교과서로 반복 학습하는 것이 효과가 있을까요?

A29

수학의 기초는 개념과 원리라고 흔히 말합니다. 하지만 다들 알고 있으면서도 잘하지 못하는 것은 개념과 원리를 어떻게 하면 이해하는 것인지가 불분명하기 때문입니다. 부모와 교사가 가르치는 것으로 수학 개념을 습득하기가 쉽지 않습니다. 그래서 학교 수업 후 복습하는 단계에서 개념을 다져야 합니다. 그 방법은 모든 개념을 아이의 말로 표현하게 하는 것입니다. 가장 좋은 시기는 수학 수업이 들은 바로 그날 저녁, 배운 만큼의 내용을 빠뜨리지 않고 부모에게 설명하게 하는 것입니다. 3, 4학년인데 기초가 부족하다면 초등 1, 2학년 것을 모른다고 볼 수도 있습니다. 이런 경우 매일 초등 1, 2학년 교과서의 내용을 스스로 다시 보고 부모에게 설명할 수 있을 정도로 훑어주세요.

Q30

수학적 사고력이 좋아야 한다던데, 언제, 어떻게 기를 수 있을까요? 그리고 주변에 사고력 수학을 공부하는 아이가 많은데, 사고력 수학이라는 게 수학적 사고력을 기르는 데 진짜 도움이 되는지 궁금합니다.

A30

수학을 공부하는 목적 중 하나가 사고력을 키우는 것입니다. 인생에서 사고력은 중요하지요. 사고력이 부족하다면 사회생활을 성공적으로 하기 어렵습니다. 그러므로 수학적 사고력을 키우기 위해 늘 노력해야 합니다. 수학을 공부하면서도 사고력에 신경을 써야 합니다. 그런데 질문하신 '사고력'은 사고력 문제집을 뜻하는 것 같습니다. 사고력 문제집은 푸는 방법이 문제가 될 수 있습니다. 사고력 문제집을 풀면서 경시대회에서 높은 점수 받는 쪽에만 신경을 쓰면 사고력이 발달하지 않을 수도 있습니다.

Q31

제 아이는 초등 3학년입니다. 아직은 제가 가르칠 만해서 수학을 직접 가르치고 있는데 어디서는 연산이 중요하다 하고 어디서는 사고력이나 창의력이 중요하다고 하더군요. 사실 정보가 없어서 뭐가 더 중요한지 모르겠습니다. 무엇을 먼저 하면 좋을까요?

A31

연산을 공부하는 이유는 그 자체가 중요하기 때문이 아닙니다. 연산이 수학적 문제를 해결하는 중요한 도구임에는 틀림이 없습니다. 수학 교과서에서도 연산이 절반 정도를 차지하고 있기 때문에 학교 시험문제의 절반이 연산 문제일 수 있습니다. 그러다 보니 연산 문제를 신속히 그리고 정확히 풀지 못하면 학교 시험 점수를 잘 받을 수 없어서 연산이 중요하다고 합니다만 수학에서 중요한 것은 문제를 해결하는 능력이지요. 문제를 해결하기 위해서는 사고력이 더 많이 필요하겠지요. 그리고 창의력은 수학 문제를 풀면서 다양한 방법으로 키워야 할 중요한 역량 중 하나입니다.

Q32

방학 중 선행학습은 어디까지 하는 게 좋나요?

A32

방학 중에는 선행학습보다 부족한 부분에 대한 복습이 우선입니다. 다음 학기 것을 굳이 선행하지 않아도 학교 수업 진도에 맞추어 그때그때 결손이 없도록 하면 큰 문제가 없을 것입니다. 그보다는 기초를 다지는 것이 중요합니다. 만약 학교 교과서의 개념이나 원리가 충분히 학습되었다고 판단되면 그 학기의 내용을 심화 학습하는 것이 바람직합니다. 기본 개념 공부나 심화 학습은 학년이 지나가면 다시 하기 어렵습니다. 그래서 그 학년이나 학기가 지나가기 전에 보다 충분히 해두는 것이 잠재 역량을 키우는 방법이 될 것입니다.

Q33

3학년인데도 계산 실수가 잦습니다. 반복되는 연산 실수, 어떻게 고칠 수 있을까요?

A33

계산 실수가 잦다면 연산의 원리에 대한 이해가 부족한 것이 아닌지를 점검해볼 필요가 있습니다. 그래서 원리가 충분히 이해되면 적당한 훈련이 뒤따라야 하지요. 단순 암기보다는 원리를 이해하게 해보세요. 아이가 이해를 하면 오래 기억합니다.

Q34

아이가 아직 시간 계산을 힘들어하네요. 이 부분을 어떻게 설명해야 하나요?

A34

시간 계산이 힘든 것은 시간의 단위가 보통 사용하는 십진법과 다른 60진법이기 때문일 것입니다. 거기다가 하루는 24시간이니 또 단위가 달라지기도 하고요. 또 다른 이유로는 교과서의 시계가 대부분 아날로그 시계여서 12시간이 한 바퀴인 것을 표준으로 삼고 있습니다만 요즘 스마트폰 등 다양한 시계는 디지털인 것도 생각할 수 있습니다. 그래서 집에 고장 난 아날로그 시계가 있으면 좋고, 없으면 사용하는 시계 하나를 아이에게 주고서 맘껏 바늘을 돌려가며 조작하는 방법으로 우선 시간 개념이 생기게 해야 합니다.

Q35

아이에게 수학일기를 시켜보려는데 어떻게 쓰라고 하면 좋을지 모르겠어요.

A35

수학일기는 처음부터 잘 쓰기 어렵습니다. 가장 바람직한 수학일기는 자기의 하루 생활에서 수학적으로 느낄 수 있는 부분을 찾아내고, 거기에 걸려 있는 수학을 나름의 수학적 지식으로 표현하는 것입니다. 어설프지만 이렇게 조금씩 써나가면 상상의 세계, 추상의 세계의 일기도 쓸 날이 오게 됩니다. 수학일기는 매일 쓰라고 부담을 주기보다는 일주일에 두세 번 정도 쓰는 것으로 시작해야 합니다. 그리고 수학 체험을 하는 날은 보다 많이 쓸 수 있도록 강도를 조절해주세요.

Q36

학원이나 학습지 수업 없이도 별 어려움 없이 공부해왔는데 선행학습을 하다 보니 나눗셈을 어려워합니다. 지금껏 사칙연산을 많이 풀어보지 못한 것이 원인이라고 생각하는데 나눗셈은 어떻게 지도해야 할까요?

A36

선행학습이기 때문에 이해가 안 되는 것이 당연합니다. 제때를 기다려 학습해도 안 된다면 그때는 대책을 세워야 하겠지요. 사칙연산은 많이 풀어본다고 반드시 좋은 것은 아닙니다. 연산의 원리를 이해하여 계산하는 것은 물론이거니와 도형이나 측정에도 이용할 수 있는 응용력을 갖추는 것이 중요합니다. 나눗셈은 곱셈의 역연산이므로 곱셈의 원리를 이해하지 못한 탓에 나눗셈도 이해하지 못할 수 있습니다. 계산은 많은 문제 풀이보다 그 기본 원리를 충실히 이해하는 것이 더 중요합니다.

Q37

초등 4학년 아이를 두었습니다. 다른 아이들은 보통 어려운 문제를 틀리기 마련인데, 우리 아이는 쉬운 문제를 틀리고, 어려운 문제는 잘 맞춥니다. 기초가 부족하면 어려운 것도 풀어내지 못할 것 같은데 기초가 부족한 건 아닌 것 같고, 왜 이런 현상이 나타나는 걸까요?

A37

쉬운 걸 틀리고 어려운 걸 잘 맞춘다면 크게 걱정할 일은 아닙니다. 보통 공부를 못한다고 하는 아이들의 특징은 조금만 어려워져도 손을 못 대는 것이지요. 그러므로 이 아이는 공부를 못하는 아이는 아닙니다. 성격 탓이 많겠지요. 덜렁댄다거나 다급하다던가 아니면 소심해서 시험 시간에 가슴이 두근거리는 경우일 수 있습니다. 대범하지 못하면 큰 시험에서 망치는 경우가 많습니다. 수학에 대한 자신감과 여유를 키워주세요.

Q38

초등 3학년 아이의 엄마입니다. 수에 관심이 많았던 아이라 수와 양 개념을 알게 하면서 셈을 가르치고 있어요. 아직 분수식은 어려워하는 것 같은데, 어느 수준까지 어떻게 가르쳐야 할까요?

A38

분수식은 3학년 과정이 아닙니다. 이후로 6학년까지 계속해서 분수 개념을 다룰 것입니다. 시기에 맞춰서 분수와 비(比)의 개념을 이해하고 전체 개념이 세워져야 분수식 계산을 이해할 수 있습니다. 따라서 중학교 입학 전까지 분수 연산을 완성하면 됩니다. 중학교 이후에는 문자가 포함된 분수 계산을 할 수 있어야 하는데, 이는 초등학교 분수 연산이 기초가 됩니다. 분수식은 곱셈, 나눗셈보다 덧셈과 뺄셈이 어렵습니다. 특히 분모가 다른 분수의 덧셈과 뺄셈을 하는 과정에서 이루어지는 통분이나 약분의 개념을 정확히 다진 후 중학교에 올려 보내세요.

Q39

우리 아이는 계산, 연산은 그럭저럭 하는데, 공간지각이 부족해서인지 도형, 직육면체 등이 나오면 너무 힘들어해요. 이렇게 공간지각력이 둔한 아이는 어떻게 해야 할까요?

A39

본디 사람은 모두가 공간 감각이 부족합니다. 그래서 수학적으로 생각하지 않으면 공간을 이해하기 어렵습니다. 도형은 크게 점, 선, 면으로 나뉘지요. 점과 선으로 이루어진 일차원, 선과 면으로 이루어진 이차원, 면과 면이 이루는 삼차원을 생각하면 공간지각은 삼차원의 세계에 속합니다. 인간은 삼차원 동물이기 때문에 삼차원 문제를 시원하게 해결할 능력이 없습니다. 공간의 문제는 이차원의 책과 그림만 가지고는 이해하기 어렵습니다. 그래서 입체도형의 모형을 많이 이용합니다. 블록 등을 가지고 놀게 하는 것도 공간 감각을 키우기 위함이지요.

Q40

초3 딸입니다. 워낙 수학을 싫어해서 어려운 문제가 나오면 겁을 먹고 풀지 않으려 해요. 모르는 건 나중에 저한테 설명해달라고 하는데, 스스로 한번 고민해보고 생각해서 푸는 연습을 해야 한다고 말해주지만 통하지 않네요. 이럴 때는 어떻게 하면 좋을까요?

A40

문제를 억지로 풀게 한 적이 있으신가요? 잘 해결되지 않는 문제를 강압적으로 풀게 하면 수학에 대한 부정적인 태도가 길러집니다. 그리고 이후에는 심리적으로 수학을 거부합니다. 아이가 해결할 수 있는 좀 더 쉬운 개념부터 접근하시지요. 그리고 점차 스스로 문제를 해결하는 기쁨을 맛보면서 끌려 들어오게 해야 합니다. 지금부터 시작해도 늦지 않습니다. 아직 3학년이니 여유가 있습니다.

Q41

초등 4학년인데, 수학 문제를 풀 때 푸는 과정을 연습장에 쓰지 않아요. 빈칸에 달랑 답만 채우는 식이지요. 그러면 안 된다고 그렇게 잔소리하는데도 습관이 잘 안 잡히네요. 눈으로만 문제를 풀려고 하니 아는 문제인데도 실수하는 일이 종종 일어납니다. 이런 습관은 어떻게 고칠 수 있죠?

A41

공부하는 것도 습관입니다. 풀이 과정을 깔끔하게 쓰는 습관이 들 때까지 노력하셔야 합니다. 왜 풀이 과정을 써야 하는지를 설득하셔야 합니다. 자기 생각이 옳다는 것을 남에게 주장해서 인정받으려면 당연히 남을 설득하는 과정이 필요한데, 그것이 바로 과정을 서술하는 것과 같다고 설명해보세요. 그리고 문제를 푼 후에 부모 앞에서 푸는 과정을 설명하고 표현하도록 하는 시간을 가지면 설명하는 과정에서 쓰는 연습이 이루어질 것입니다.

Q42

초등 4학년 아이인데, 3학년 때까지는 수학을 곧잘 했습니다. 그런데 4학년 올라와서 수학을 너무 어려워해요. 선행은 생각도 못하고, 겨우 진도에 맞춰 나가는 중입니다. 지금 혼합계산을 배우는 단계인데 많이 어려워하네요. 어떻게 혼합계산을 쉽게 이해할 수 있게 가르칠까요?

A42

계산의 순서를 정한 약속으로 받아들이도록 설득하세요. 괄호부터 시작해서 곱셈과 나눗셈, 덧셈과 뺄셈으로 이어지는 순서는 할 수 없이 알고리즘적으로 암기하도록 해야 합니다. 차후에는 혼합계산이 중학교 1학년에서만 또 나오게 됩니다. 그때는 유리수의 혼합계산이지요. 지금 알고리즘을 암기하지 못하면 또 헤매게 됩니다. 모든 연산은 결국 두 수 사이의 계산입니다. 그것이 여러 개 연결되어 혼합계산일뿐이지요. 그러므로 순서를 명확하게 정할 줄 아는 단계까지 지도해야 합니다.

Q43

초등 3학년인데 단위길이를 이해하지 못해요. 좀 쉽게 가르치는 방법 없을까요? 제가 볼 때는 뭐 이런 걸 틀리나 싶은데 본인은 정말 이해가 안 된대요.

A43

어른들은 쉽게 생각하고 이해할 수 있지만 초등학생에게는 어려운 것이 길이 재기입니다. 학교에서는 길이를 처음부터 표준단위인 미터법으로 재는 것이 아니라 왜 표준단위가 필요한지를 납득시키기 위해 뼘을 이용하기도 하고 발걸음을 사용하기도 합니다. 각자의 뼘이나 발걸음이 서로 다르니 의사소통에 문제가 생기는 경험을 통해서 표준단위를 정해 사용하는 것의 편리함을 느끼게 되지요. 이런 맥락을 가지고 지도하시기 바랍니다. 중요한 것은 초등생의 입장에서는 쉬운 것이 아니니 서둘지 말고 기다려주는 것입니다.

Q44

초등 4학년 아이 엄마예요. 19단을 외워야 하는지 궁금합니다. 외우면 계산 능력이 좋아지고 문제 풀이도 빨라질 것 같은데, 수학은 단지 계산 잘하려고 배우는 게 아니잖아요. 19단을 꼭 외워야 하나요?

A44

아이들은 초등학교 2학년 때 구구단을 배우고 외우게 됩니다. 그리고 엄마도 평생 구구단만 가지고도 어려움 없이 사회생활을 했을 것입니다. 19단을 아는 어른들이 몇이나 되겠습니까? 필요가 거의 없다는 뜻이지요. 이것을 직접 이용하는 상황에 한해서만 소용이 될 것입니다. 그러나 중·고등학교 수학에서 거의 사용되는 예가 없습니다. 그러므로 몇 년 후에는 기억력이 도태되고 말 것입니다. 그리고 19단을 외움으로써 생기는 부작용도 생각해야 합니다. 머릿속에 19단을 집어넣음으로 인해 다른 기억이 사라져야 한다면 크게 소용이 없는 19단을 외울 필요가 있을까요?

Q45

초등 4학년에 학습 능력이 결정된다는 말을 들었습니다. 그래서 자꾸 조급해지네요. 우리 아이는 아직 수학을 제대로 풀지 못하고 틀린 답을 씁니다. 아이의 수학 실력을 길러주는 방법이 있을까요?

A45

수학은 모든 학년에서 배운 것에 결손이 생기면 문제가 됩니다. 4학년에서 문제가 발생했다면 원인은 현재 학년일 수도 있지만 3학년 이전일 가능성이 더 높습니다. 저학년의 수학 개념은 별것 없지만 하나라도 이해하지 못하는 것이 있으면 언젠가는 발목을 잡힙니다. 풀지 못하는 문제에 필요한 개념을 하나하나 짚어가보세요. 그러면 어디서부터 모르는지가 파악될 것입니다. 바로 거기서부터 다시 시작하는 것이 올바른 수학 공부 방법입니다.

Q46

아이가 초등 3학년입니다. 배수 문제를 푸는데, 예를 들어 7,000과 700이 몇 배 차이인지를 잘 이해하지 못합니다. 열 살 먹은 애들한테 이걸 어떻게 쉽게 설명할 수 있을까요?

A46

2년이나 선행을 하셨네요. 배수 개념은 5학년 이후에 다룹니다. 열 살 먹은 3학년에게는 이해가 어렵기 때문에 5학년 교육과정으로 설정된 것인데, 그걸 미리 가르치셨으니 문제가 생기는 게 당연합니다. 그래도 한번 가르쳐보고자 한다면 아이에게 5학년 교과서를 주고서 스스로 이해하는 정도를 보아가며 도와주는 것이 좋습니다. 물론 부모도 나름대로 교과서의 개념 전개 과정을 소상히 이해해야 합니다. 교과서가 아닌 문제집 등은 개념 전개가 자상하지 않아 아이가 이해하지 못한 채로 암기할 가능성이 많으니 주의하세요.

Q47

초등 4학년 엄마입니다. 수학을 힘겨워하고 싫어하는 아이를 어떻게 도와줘야 할지 고민입니다. 학원에 보내본 적은 없는데 제 성격이 좀 급하다 보니 1학년 때 윽박지르며 가르친 것이 아이가 수학에 대한 마음을 닫게 만든 계기가 되었던 것 같아요. 저 때문에 아이가 수학을 싫어하게 된 것 같아 죄책감마저 듭니다. 다시 수학에 흥미를 가지게 하려면 어떻게 해야 하나요?

A47

수학에는 왕도가 없다는 말을 상기할 필요가 있습니다. 수학은 아이 스스로 깨우치면서 나아가는 것이 느린 듯하여도 정확합니다. 되돌아가지 않아도 되니 결국 가장 빠른 길이 될 수 있습니다. 아마도 1학년 때 윽박지르며 가르쳤다면 아이에게 1학년의 수학 개념부터 없을 가능성이 많습니다. 확인하는 방법은 1학년 교과서를 펴놓고 아이 스스로 하나하나 개념을 설명하도록 하는 것입니다. 그래서 부족한 부분을 발견하는 것이 시급합니다. 그러나 치료 과정에서는 서둘지 말고 기다려주는 것 잊지 마세요.

Q48

초등 4학년 아이를 둔 맞벌이 엄마입니다. 엄마표 수학이 있다는데 제가 맞벌이를 하기 때문에 아이에게 그리 신경을 쓸 시간이 없네요. 그렇다고 학원에 보내거나 과외를 시킬 여유도 없고요. 이런 상황에서 아이를 가르칠 수 있는 방법은 없을까요?

A48

시간이 없더라도 시간을 내셔야 합니다. 아이를 가르치려 하지 말고 아이와 함께 있어주는 시간을 가져야 합니다. 그래서 그 시간에 아이가 공부한 것을 들어주는 엄마가 필요합니다. 조금 더 바란다면 엄마도 아이의 수학 교과서를 똑같이 공부하라는 것입니다. 그리고 교과서와 익힘책의 문제도 풀어야 합니다. 풀면서 엄마가 이해되지 않는 개념이나 문제가 나오면 억지로 풀려 하지 말고 아이에게 물어봄으로써 아이가 엄마를 가르치게 하면 효과가 있을 것입니다.

Q49

초등 4학년 엄마입니다. 아이가 수학을 병적으로 싫어합니다. 초등 1학년 때 학습지를 잠깐 시키다가 싫어해서 중단했는데 그때부터 싫어하더라고요. 다른 과목은 잘하는데 유달리 수학을 싫어해서 나눗셈 같은 경우 모르겠다면서 화를 내요. 어떻게 하면 수학에 흥미를 가질 수 있을까요?

A49

다른 과목은 잘한다니 다행입니다. 전 과목에서 부진한 경우 수학을 공부하는 것이 더욱 어려울 것이지만 이 아이는 수학만 못하고 싫어하니 회복 가능성이 많습니다. 1학년 수학부터 점검해야 합니다. 수학은 위계성이 강한 과목이라서 이전 학년이나 학기의 내용을 이해하지 못하면 그다음 것을 할 수가 없습니다. 그리고 그것이 1~2년 쌓이면 높은 담이 되어 감히 올라가지 못하게 됩니다. 담이 더 높아지기 전에 조금씩 낮추는 작업이 필요합니다. 이때, 단번에 해결하려는 조급함이 있어서는 절대 안 됩니다.

Q50

연산 연습은 어느 정도가 적당한가요? 계산 속도가 느리면 수능 문제를 주어진 시간 안에 미처 풀지 못하고 찍는 사례가 많다고 들었습니다. 그래서 시간을 재면서 연산 훈련을 시키고 있는데 아이가 이 시간만 되면 무척 싫어하네요.

A50

수능 시험에서 주어진 시간 안에 문제를 다 풀지 못하는 원인은 계산 능력이 아닙니다. 사고력이 부족한 탓입니다. 수능 시험 문제를 출제하는 수학 교수나 수학 교사는 대부분 수학을 전공한 사람들이고, 이들 역시 복잡한 계산을 싫어합니다. 그래서 수능 문제의 계산 과정은 대부분 깔끔합니다. 수학자들이 좋아하는 것은 사고를 꼬는 것입니다. 사고가 꼬인 문제를 해결하는 데 필요한 능력은 계산 능력이 아니라 사고력입니다. 계산도 수학이므로 속도가 중요한 것이 아니라 원리를 이해하는 것이 중요합니다. 계산 훈련은 적당한 정도에서 마치는 것이 좋습니다.

Q51

수학에 남다른 특기가 있는 아이입니다. 수학 문제를 풀 때 보면 교과서에 나와 있지 않은 희한한 방법으로 문제를 해결하기도 하고 엄마에게 설명하기도 하는데, 엄마는 도통 알아들을 수 없습니다. 선불리 학원을 보내면 잘못될 우려가 있다고 주위에서 조언하지만, 수학에 아무런 재능이 없는 부모로서는 난감합니다. 아이의 재능을 썩히는 것 같아서 영재교육 전문학원에 보내고 싶은데 조언 바랍니다.

A51

영재교육을 받는 곳은 두 가지로 구분되지요. 교육청이나 대학 등 국가에서 주관하는 영재교육원과 사설 학원이지요. 부모들은 어떻게라도 영재교육을 시키려 하지만 두 군데 다 문제가 있을 수 있습니다. 국가에서 주관하는 영재교육원은 무료이므로 아이들이 열심히 하지 않을 가능성이 많습니다. 실제로 영재교육원 강사들의 증언이 그렇습니다. 스펙을 쌓으러 온다는 것이지요. 사설 학원은 영재교육의 결과를 과신하기 위해 아이들은 각종 경시대회에 출전시켜서 입상하게 합니다. 그러나 입상을 목적으로 하는 교육은 지적인 희열보다는 단순 암기로 전락할 위험이 있습니다. 어려운 문제의 풀이법을 마냥 외우고만 있는 것이 학원의 현실일 수 있습니다. 이런 점들을 주의해서 지도하셔야 합니다.

Q52

교구를 이용한 체험학습이 수학 공부에 도움이 되나요? 교구를 가지고 노는 시간에 연산 연습을 더 했으면 하는데, 우리 아이는 한 번 퍼즐을 잡으면 시간 가는 줄 모르고 빠져듭니다. 가만두어도 좋을까요? 저는 시간이 아깝기만 합니다.

A52

훌륭한 아이입니다. 퍼즐을 풀면서 희열을 느끼면 몰입을 하게 되고, 이 과정에서 사고력과 창의력이 엄청나게 길러집니다. 수학 공부의 목적은 수학 문제를 풀면서 수학 지식만 생기게 하는 것은 아닙니다. 학생에게 길러져야 할 더 중요한 덕목은 사고력과 창의력입니다. 아이 중 장래에 순수 수학을 전공할 아이들은 1%도 안 됩니다. 99%는 수학적 사고력을 이용할 줄 아는 능력을 길러야 합니다. 수학 교구는 단순한 것도 있지만 깊이 있는 사고를 요구하는 것이 많이 있어서 시간 가는 줄 모르고 집중할 수 있습니다. 가만 내버려두는 것이 좋습니다.

초등 고학년(5, 6학년)

Q53

학원, 학습지를 끊고 집에서 가르쳐보려 합니다. 문제집은 어떤 것이 좋을까요?

A53

잘 생각하셨습니다. 그런데 문제집보다는 교과서를 우선하십시오. 그리고 익힘책을 소재로 하세요. 교과서와 익힘책의 내용을 충분히 소화하고도 시간 여유가 있다면 익힘책보다 조금 난이도가 있는 문제집을 고르는 것이 좋습니다. 심화의 개념을 가지고 문제집을 찾다 보면 너무 어려울 가능성이 있습니다. 아이에게 맞는 문제집은 한 페이지에 나온 문제 중 70% 정도를 스스로 해결할 수 있는 것입니다.

Q54

사고력 수학이 중요해지면서 서술형 문제가 많이 나옵니다. 서술형 문제는 어떻게 준비할 수 있을까요. 사고력 수학 책이나 문제집은 어떤 게 좋을까요?

A54

서술형 문제의 풀이는 논리적인 것을 원합니다. 논리적 사고의 능력은 저학년부터 수학을 공부하면서 길러져야 하는 중요한 역량입니다. 고학년이 되면 문제마다 두세 가지의 수학 개념이 요구됩니다. 이럴 경우 이들 두세 가지 수학 개념 사이의 논리적인 관계를 사고해내지 못하면 문제의 풀이가 꼬입니다. 답을 낼 수도 없지요. 서술형 문제를 푼다는 것은 수학 개념 사이의 관계를 이해하는 것입니다.

Q55

예비중학생인데, 학원에 보내야 할까요? 엄마표 수학은 어떨까요?

A55

초등학교 시절은 물론이고 가능하다면 중학교까지 엄마표 수학으로 마칠 것을 권합니다. 중학교 수학도 도전할 수 있습니다. 옛날에는 어렸기 때문에 어렵게 느껴졌을 뿐입니다. 10대가 푸는 문제를 성인이 못 풀 이유는 없습니다. 어른이 되면 세상 경험도 풍부하고 문제를 보는 안목도 넓어집니다. 그래서 수학 개념을 새삼 이해할 수 있습니다. 엄마가 같이 공부한다고 하는데 포기할 아이는 거의 없을 것입니다.

Q56

초등 6학년인데 하루에 수학 공부를 얼마나 해야 하나요?

A56

하루에 공부하는 것을 양적으로 생각하여 문제 수나 쪽수로 규정할 수도 있지만, 시간으로 정할 수도 있습니다. 문제 수나 쪽수로만 규정하면 문제 수나 쪽수를 때우기 위해 빨리빨리 해결할 가능성이 있습니다. 아이가 공부를 대충 한다는 말이지요. 빨리 끝내야 자기가 하고 싶고 놀고 싶은 것을 할 시간 여유가 생기기 때문이지요. 그래서 문제 수나 쪽수보다는 시간을 정하는 것을 권장합니다. 그래야 깊이 있는 공부를 할 가능성이 커집니다. 대충 끝내지 않고 한 문제라도 집중해서 질 높은 공부를 할 수 있습니다. 그래야 사고력이 커지게 되지요.

Q57

초등 6학년인데, 제가 수학을 공부해서 가르쳐보려 합니다. 어떻게 시작해야 하나요?

A57

3단계로 말씀드립니다. 첫째는 학교에서 수학 교과서 진도 나가는 것을 똑같이 뒤따라가는 것입니다. 일주일에 네 번, 학교 수학 수업이 있는 날에는 학교 수업을 복습합니다. 그날그날 미루지 않고 나가야 합니다. 둘째는 익힘책입니다. 수학 익힘책은 교과서와 연동되어 있습니다. 익힘책은 하루 정도 여유를 두고 아이에게 풀도록 합니다. 그리고 다음날, 푼 문제를 엄마에게 설명하도록 요구합니다. 결과만 가지고 채점하는 방식은 지양해주세요. 마지막으로는 적당한 문제집을 한 권 사서 같이 공부하도록 합니다. 간단하지만 정확하게만 하면 수학 공부를 잘할 수 있습니다.

Q58

길게 봤을 때 영어와 수학 중 어느 과목에 시간을 더 많이 쏟아야 할까요?

A58

두 과목 모두 중요합니다. 무시할 수도 없지요. 하지만 중·고등학교 시절 두 과목의 공부 시간을 계산하면 수학을 공부하는 시간이 영어를 공부하는 시간보다 두 배 이상은 물론이고 열 배가 될 수도 있습니다. 수학 개념에 대한 이해가 충실한 경우 수학 공부에 들어가는 시간이 상대적으로 적어질 것이지만 수학이 부족하면 메꾸는 데 천문학적인 시간이 필요하다는 점을 명심하고 수학 개념 이해에 빈 곳이 없도록 해주는 것이 중요합니다.

Q59

예비 중1인데 중학교 대비 문제집을 많이 푸는 게 좋을까요? 아니면 교과서를 보는 게 나을까요?

A59

6학년을 마친 겨울방학이라면 중학교 교과서를 하나 구해서 공부하는 것이 좋습니다. 중학교 교과서는 13종이나 됩니다. 내용은 거의 비슷하니 어느 출판사 것이나 상관은 없습니다. 교과서가 어느 책보다 개념 설명이 가장 잘되어 있습니다. 교과서는 아이가 처음 그 개념을 접한다고 가정하여 집필되었기 때문에 혼자서 이해할 수 있도록 배려하고 있습니다. 하지만 명심할 것은 혼자서 아직 배우지 않은 내용을 단번에 이해할 수 있을 것이라는 기대는 하지 않는 게 좋습니다. 그렇지만 그중 아이가 스스로 이해할 수 있는 것이 있다면 그것은 즐거운 일이겠지요.

Q60

아이가 수학을 잘하는 편이 아니라 과외를 시켜보고 싶은데 아이는 학원에 가고 싶어 하네요. 아이 뜻대로 학원에 보내야 할까요?

A60

가르치는 사람 입장에서는 공부 잘하는 아이를 가르치는 것이 편합니다. 그래서 수학을 잘하는 편이 아니라면 가급적 집에서 부모가 챙기는 편이 나을 것입니다. 학원은 고등학교 후반부에 가서 공부를 다 마친 후에 부족한 부분이 생길 때 잠깐 도움을 받는 것이 좋습니다. 지금 학원에 발을 들여놓으면 고3까지 혼자 공부하는 자기 주도적 학습 습관이 생기기 어렵습니다. 기초가 부족하다면 수학 교과서를 다시 보면서 기초를 다져야 합니다. 기본 개념 없이는 수학 공부에 진전이 있을 수 없습니다. 과외를 시키더라도 이런 점들에 주의하세요.

Q61

아이와 맞지 않아 엄마표 수학은 포기했습니다. 학원에 보내는 수밖에 없을까요?

A61

아이를 가르치는 일은 쉽지 않지요. 부모 입장이기 때문에 그런 것이지요. 그래도 가르쳐야만 한다면 부모가 변해야 합니다. 욕심을 내려놓아보세요. 정말 아이의 현재 모습을 인정해주시고, 거기서부터 시작해야 합니다. 목표만 바라보게 하고 스파르타식으로 끌고 가는 시대가 아닙니다. 학원에 보냈다가 잘못되면 공부를 포기하게 됩니다. 엄마표 수학에 실패했으면 방법을 바꿔보십시오. 아이가 스스로 깨닫도록 배려하고, 깨달을 때까지 기다려주는 인내를 가져야 합니다.

Q62

수학 문제집은 한 권만 풀면 된다는데 정말 그런가요? 문제의 양과 질, 어떤 것이 중요한가요?

A62

수학 공부는 양보다 질이 중요합니다. 문제집 한 권을 빨리 풀어대면 무슨 효과가 있겠습니까? 시중에 나도는 소문에 '문제집 한 권만 풀고도 수능 만점 맞았다더라'는 말이 있습니다. 문제집을 정말 한 권 풀었는데, 일곱 번이나 풀었다는 것입니다. 문제의 질도 중요하지만 공부하는 방법의 질이 더 중요합니다. 쉽고 단순한 문제를 풀더라도 그것을 확장시키는 방식의 공부는 어려운 문제를 푼 이상의 효과를 거둘 수 있습니다.

Q63

이번에 5학년이 되었는데요. 수학이 어려운지 자꾸만 안 하려 하고 짜증을 내는데 걱정이 되네요. 흥미나 자신감이 많이 떨어진 것 같은데, 어떻게 잡아주어야 할까요?

A63

인간의 뇌는 영악해서 무슨 일이든 쉽게 할 수 있는 요령을 찾습니다. 기왕이면 수학을 공부하지 않고 학창 시절을 보내고 싶겠지요. 하지만 수학을 포기하면 여러 가지 문제가 발생합니다. 두 가지 접근을 해보세요. 한쪽에서는 포기하지 않도록 교과서만이라도 충분히 공부하도록 하고 어려운 문제집을 들이대는 것은 좀 피해주세요. 다른 쪽에서는 수학이 왜 중요한지, 수학 공부가 왜 필요한지를 설득하여 이해시키는 작업을 하는 것입니다.

Q64

초등 5학년 아이의 엄마입니다. 다른 과목에 비해 수학을 어려워하고 점수도 낮아요. 담임선생님과 상담해보니 문제는 도형이었습니다. 점대칭 선대칭에 관한 서술형 문제는 모두 틀렸습니다. 직각 개념도 잘 이해하지 못하는 것 같아요. 이럴 땐 누군가의 도움이 필요한 것인가요? 새로운 공부 방법을 찾아야 할까요?

A64

누군가 도와줘야 하는 것은 사실입니다. 도우미의 역할을 할 수 있는 사람은 많이 있지만, 부모가 감당하는 것이 가장 좋습니다. 아이가 도형에 약하다고 하지만 수학의 전반적인 면에서 문제가 발생한 것일 수 있습니다. 수학을 어려워하고 점수도 낮다면 어느 한 부분에서만 막힌 것이 아닐 수 있습니다. 그러므로 막힌 부분을 찾아서 스스로 이해할 수 있을 때까지 부모가 지켜보는 것에서부터 시작하십시오. 한 개념을 정확히 이해했다고 판단될 때, 그 다음 개념으로 넘어가세요.

Q65

초등 6학년인데 공부하기 싫어해요. 한 문제 풀고 힘들다고 합니다. 이러다가는 수학을 포기하게 될 것 같아요. 한 번 포기하면 따라잡을 수 없을까요?

A65

이미 포기 직전입니다. 문제 풀기를 너무 강요하지 마시고 어디서부터 막혔는지 진단을 해야 합니다. 부모와 아이 사이에 많은 갈등이 있었을 거라고 짐작이 드네요. 하지만 아이의 현재 상태를 인정해주어야 합니다. 그리고 차근차근 하나씩 챙겨야 합니다. 한꺼번에 해결되지 않으니 장기적인 계획을 세워야 합니다. 초등학교 6년 동안 배운 것을 천천히 정리하고 중학교에 올라가야 합니다. 중학교에 가면 새로운 상황이 발생하기 때문에 적응이 어려울 수 있습니다. 입학 전까지 어려우면 중학교 입학 후에도 초등 개념을 잡는 것을 계속 병행하세요.

Q66

초등 5학년 남자아이입니다. 수학 문제를 풀다 보면 틀리는 문제가 반 이상입니다. 오답 노트를 쓰면 좋다는 얘기들이 있어 노트에 틀린 문제를 적긴 하는데요. 문제 쓰고 풀이 과정 쓰는 것까지는 좋은데 이후 어떻게 활용해야 하는지 모르겠습니다.

A66

초중고 구분할 것 없이 오답 노트를 많이 권하고 있어요. 그러나 오답이 너무 많은 아이는 노트를 만드는 일이 큰 부담만 될 뿐, 효과는 별로일 거라고 생각합니다. 25개 정도의 시험문제 중에서 3~4개 틀린 경우라면 오답 노트가 만들기도 편하고 나중에 봐도 한눈에 실수가 보이니 효과가 있겠지요. 그러나 더 많이 틀린 경우는 오답 노트 자체가 별 감동을 주지 못할 것입니다. 수학 문제를 푸는 중요한 목적은 답을 구하는 방법을 습득하는 것보다 수학 개념을 적용하는 연습을 하는 것입니다. 수학 문제를 풀고 난 후에 아이에게 남아 있어야 할 것은 문제 푸는 요령이 아니라 수학의 개념입니다.

Q67

초등 5학년 아이인데 도형의 넓이 구하는 걸 어려워해요. 분수, 소수를 넘어서 도형까지 조금만 응용이 돼도 힘들어하는데 무슨 방법이 없을까요?

A67

분수와 소수 등 연산은 그 원리를 깨닫지 못해도 계산 알고리즘만 알면 답을 구할 수 있습니다. 연산의 경우에도 원리를 모른다면 중학교 이후에 문제가 발생합니다. 문자가 포함된 식의 계산을 하는 데 있어서 그 원리는 초등학교의 수의 연산과 마찬가지이기 때문에 연산의 원리를 따로 배울 기회가 주어지지 않습니다. 도형의 경우에는 보조선을 그어야 하는 등 눈에 보이지 않는 감각을 필요로 하는 문제가 어렵습니다. 그러나 어려운 도형 문제도 그 기본 개념을 이용하면 결국 풀리기 때문에 기초가 중요하다는 것은 거듭 강조해도 지나치지 않습니다.

Q68

초등 6학년인데 아이가 백분율과 할푼리를 헷갈려 합니다. 저도 알기는 하는데 설명하려면 좀 어렵네요. 백분율과 할푼리를 쉽게 구분해서 설명할 수 있는 방법은 없나요?

A68

백분율과 할푼리는 일상생활에서 많이 사용되기 때문에 이 둘을 이해하려면 그것이 사용되는 실제적인 상황을 이용하는 것이 효과적입니다. 매시간 발표되는 강수확률 등에서 백분율을 발견할 수 있으며, 야구에서 타자의 타율을 계산한 결과는 할푼리의 좋은 예가 되지요. 보다 많은 예를 들어주면 효과가 더 클 것입니다. 백분율과 할푼리는 서로 표현을 바꾸는 작업도 둘 사이를 구분하는 데 도움이 될 것입니다.

Q69

초등 6학년 아이 엄마입니다. 공부하는 습관 중에 학교 수업의 예습·복습이 가장 좋다고 하는데 어떤 방법으로 지도하면 좋을까요? 지금은 예습 10분에 복습은 30분 정도 하고 있습니다.

A69

수학은 예습보다는 복습이 중요합니다. 다른 과목은 아이가 배경지식이 부족해도 새로운 것을 이해할 가능성이 높지만, 수학은 위계가 강해서 새로운 것을 이해하기 쉽지 않습니다. 그래서 배경지식이 부족하면 지금과 같이 예습보다 복습에 많은 시간을 할애하는 것이 바람직합니다. 그러나 궁극적으로는 시간을 정하지 말고 그날 배운 것을 다 이해할 때까지로 잡는 것이 좋습니다. 사실 그날 배운 것을 다 이해하지 못하고 이후로 미루면 다시 돌아오기가 어렵습니다.

Q70

교과부에서 발표한 수학교육 선진화 방안에 보면 앞으로 우리나라도 수학 시간이나 수학 문제를 풀 때 계산기 사용을 권장하는 것으로 되어 있습니다. 우리 아이는 복잡한 계산을 무척이나 싫어하는데, 계산기를 주고서 공부하라고 해도 될까요?

A70

계산기를 사용하면 복잡한 계산에 쓸데없는 시간을 들이지 않으므로 시간을 효율적으로 관리할 수 있을 것입니다. 그러나 단순한 계산마저도 계산기에 의존하는 버릇이 들면 점점 계산이 싫어지는 것은 물론 계산 능력이 도태됩니다. 그래서 계산기는 아무 때나 사용하는 것이 아니라 극히 제한적으로 사용하도록 해야 합니다. 교과부에서 발표한 방안을 자세히 살펴보면 계산 능력 배양을 목표로 하지 않는 경우의 복잡한 계산 수행, 수학의 개념 · 원리 · 법칙의 이해 향상 등을 위하여 계산기를 사용할 것을 권장하고 있습니다.

Q71

우리 아이는 지금까지 학교 공부에 충실해왔습니다. 물론 학교 시험은 거의 매번 100점을 맞지요. 그런데 주위에 보면 심화 문제를 푸는 아이들이 많습니다. 심화 문제를 풀지 않으면 중 · 고등학교에 가서 어려운 문제가 닥쳤을 때 풀지 못할 거라고들 하는데, 심화 문제를 얼마나 풀게 할까요?

A71

심화 문제를 푸는 목적은 사고력을 키우기 위함입니다. 그런데 사고력은 보통의 문제를 풀면서도 기를 수 있습니다. 둘 사이의 차이는 난이도인데, 꼭 어려운 문제를 풀어야만 사고력이 더 많이 향상되는 것은 아닙니다. 수준이 안 되는데 심화 문제를 풀면 스트레스만 쌓이게 되며, 문제의 풀이 과정을 단순 암기하는 나쁜 공부 습관을 배울 가능성이 큽니다. 초등 시절의 심화 문제가 고등학교에 그대로 나오는 것도 아니지요. 한 문제, 한 문제를 깊이 있게 고민할 줄 아는 아이라면 심화 문제를 푼 것 이상으로 사고력이 향상될 것입니다.

Q72

요즘 수학경시대회가 여러 기관에서 열리고 있는데, 우리 아이는 참가에 의의를 두는 정도입니다. 좋은 성적을 받지 못하고 있어요. 그런 기관에서 받은 상이 나중에 입시에 소용이 있나요? 별도로 교육을 시켜서라도 상을 받게 해야 하나요?

A72

입상 실적은 상급 학교 진학에 영향을 줄 가능성이 있지만, 그것도 과거 이야기입니다. 지금은 외부 상을 학교생활기록부에 기록하는 것도 철저히 금하고 있지요. 학교를 벗어나 교육청에서 실시하는 대회의 수상 실적마저 기록이 안 됩니다. 경시대회의 목적은 어려운 문제를 푸는 경험을 하는 것과 기왕 뽐낸 실력에 칭찬하는 정도의 상을 주는 것입니다. 그리고 학생은 그것으로 만족하면 됩니다. 자기 스스로 성취감을 느끼는 것이 가장 큰 보람이 되겠지요.

Q73

6학년 아이를 지금까지는 제가 가르쳐왔습니다. 그런데 중학교 책을 보니 겁부터 납니다. 옛날 중학교 다닐 때 수학을 싫어했거든요. 그래서 잘 모르기도 하고요. 중학교부터는 학원에 보내고 싶은데, 괜찮겠지요?

A73

중학교 수학에 대한 불안감을 씻어야 합니다. 제가 장담하건대 엄마 나이에 중학교 수학 책을 보면 중학교 시절보다 최소한 두 배 이상 쉬울 것입니다. 그때는 어린 마음에 싫어하거나 포기한 것이고, 심리적인 영향이 컸지요. 그러나 이제는 어른이 되었고, 수학 문제보다 더 어려운 인생살이를 경험했기 때문에 쉽게 포기하지 않을 것이며, 책임감은 집중력으로 이어져서 수학 책을 정복할 가능성이 높습니다. 아이를 가장 잘 가르칠 수 있는 사람은 바로 당신, 부모입니다.

Q74

우리 아이는 시험에서 꼭 1~2개를 틀려옵니다. 이렇게 점수를 받다가는 나중에 대학 입시에서 얼마나 불리하게 되나요? 초등학교 점수의 대입 반영 비율이 정해져 있나요?

A74

초등학교 시험에서 100점 받은 기록은 중학교 가면 사라집니다. 다시 처음부터 시작하지요. 중학교 성적 역시 고등학교 입학에만 사용되고, 이후에는 새로 시작됩니다. 초등학교는 인생의 예선전에 불과합니다. 예선 기록이 결선에 반영되지 않는데 '올 100'을 외쳐댈 필요가 없습니다. 차라리 힘을 축적해두고 다양한 전략을 세워 고등학교에서 100점 받을 힘을 키워주는 것이 초등에서 해야 할 전략이 아닐까요?

Q75

요즘은 입학사정관제가 점차 늘어나고 있다는 기사를 신문에서 봤습니다. 그리고 입학사정관제에서는 스펙이 많이 필요하다고 하는데, 초등학교 때 어떤 스펙을 쌓으면 나중에 도움이 될까요?

A75

'입학사정관제=스펙'이라는 등식은 유언비어에 불과합니다. 어느 입학사정관도 이 등식을 인정하지 않습니다. 스펙은 사교육 업자들이 만들어낸 허구입니다. 입학사정관은 스펙보다 스토리를 좋아합니다. 이유가 있어야 하며 과정이 있어야 합니다. 결과로 대변되는 스펙은 약간의 참고 자료가 될 뿐입니다. 입학사정관은 잠재력과 장래성을 중시합니다. 수학을 공부하는 목적이 분명하고 그 과정에 자기 주도성이 있어야 입학사정관이 인정할 것입니다.

Q76

학원에 다녀도 성적이 오르지 않네요. 학원을 바꿔야 하나요? 아니면 자기 주도로 혼자 공부할 수 있는 방법을 알려주세요.

A76

필자는 고등학교에서 25년을 가르친 경험이 있습니다. 제자 중 학원에 다녀서 성적이 오른 사례를 거의 발견하지 못했습니다. 그보다는 꾸준히 하나하나 수학 개념을 스스로 깨우친 아이들의 성공 사례가 많습니다. 수학 성적이 올라가는 것은 본인의 내공이 쌓여야만 가능한 일입니다. 누가 되든 다른 사람은 우리 아이의 내공을 쌓아줄 수 없습니다. 지식의 전달도 그냥 들어서는 가능하지 않습니다. 본인이 철저히 몸으로 체험하고 가슴으로 경험하여 이해하는 것밖에 다른 방법이 있을 수 없습니다.

Q77

우리 아이는 수학 시험을 볼 때마다 점수가 계속 떨어지니 이제는 수학에 자신감을 잃고 포기하겠다고 선언하곤 합니다. 이대로 가다간 수학을 0점 받는 날이 곧 올 것만 같아 가슴이 두근거리고 잠이 오지 않네요. 아이에게 수학에 대한 자신감을 회복시켜줄 수 있는 방법을 알려주세요.

A77

수학 공부에 있어 자신감은 절대적입니다. 자신감이 없으면 아는 문제도 틀립니다. 시험문제 앞에서 떨면 문제가 보이지 않습니다. 초등 시절에 점수가 떨어지는 것을 회복하는 것은 아직 희망적입니다. 중·고등학교로 올라갈수록 희망은 적어집니다. 지금 다시 시작할 수 있도록 용기를 북돋워주세요. 그리고 그 시작은 본인 스스로의 힘으로만 가능합니다. 3학년 것을 모르면 체면 차리지 말고 3학년 교과서를 붙잡아야 합니다. 3학년 때는 이해하지 못했어도 고학년이 되면 보다 쉽게 이해할 수 있고, 이해 속도도 빨라집니다. 그래서 고학년의 내용까지 올라오는 기간이 단축되지요. 그러니 서둘지 마시기 바랍니다.

특별 부록 ②

초등 수학 교육과정 완전 정복

초등학교 2009 개정 교육과정

다음 표는 2013학년도부터 사용하는 초등학교 2009 개정 교육과정의 내용이다.

영역	초등학교		
	1~2학년군	3~4학년군	5~6학년군
수와 연산	· 네 자리 이하의 수 · 두 자리 수의 덧셈과 뺄셈 · 곱셈	· 다섯 자리 이상의 수 · 세 자리 수의 덧셈과 뺄셈 · 곱셈 · 나눗셈 · 자연수의 혼합 계산 · 분수 · 소수 · 분수와 소수의 덧셈과 뺄셈	· 약수와 배수 · 분수의 덧셈과 뺄셈 · 분수의 곱셈과 나눗셈 · 소수의 곱셈과 나눗셈 · 분수와 소수
도형	· 입체도형의 모양 · 평면도형의 모양 · 평면도형과 그 구성 요소	· 도형의 기초 · 평면도형의 이동 · 원의 구성 요소 · 여러 가지 삼각형 · 여러 가지 사각형 · 다각형	· 합동과 대칭 · 직육면체와 정육면체 · 각기둥과 각뿔 · 원기둥과 원뿔 · 입체도형의 공간 감각
측정	· 양의 비교 · 시각 읽기 · 시각과 시간 · 길이	· 시간 · 길이 · 들이 · 무게 · 각도 · 어림하기(반올림, 올림, 버림) · 수의 범위 (이상, 이하, 초과, 미만)	· 평면도형의 둘레와 넓이 · 무게와 넓이의 여러 가지 단위 · 원주율과 원의 넓이 · 겉넓이와 부피
규칙성	· 규칙 찾기	· 규칙 찾기 · 규칙과 대응	· 비와 비율 · 비례식과 비례배분 · 정비례와 반비례
확률과 통계	· 분류하기 · 표 만들기 · 그래프 그리기	· 자료의 정리 · 막대그래프와 꺾은선그래프	· 가능성과 평균 · 자료의 표현 · 비율그래프 (띠그래프, 원그래프)

학년군별 수학 학습법과 중 · 고등학교의 연관성

2013학년도부터 학교에 적용되는 교육과정은 2009 개정 교육과정이다. 2009 개정 교육과정의 가장 큰 변화는 학년군제라는 개념이다. 학년군제는 학생들이 배워야 할 내용을 학년별이 아니라 몇 개 학년을 묶어서 제시하는 것이다. 학년군제에 따른 가장 큰 변화는 수준별 학습의 가능성이다. 학년군제를 실시하는 것은 학생들의 학습 수준 차이를 인정하는 것이다. 학생들은 자신의 흥미나 적성을 고려하여 필요한 수학 교과를 선택할 수 있고 이는 학생들의 진로 방향과 관련될 수 있다. 또한, 초등학교 1학년에서 중학교 3학년까지의 공통 교육 기간과 고등학교 3개 학년의 선택 교육 기간의 변화 결과로 학생들이 자신의 진로에 적합한 교과목을 선택해서 배울 수 있는 기회의 폭이 넓어지고, 고등학교 교육과정 운영의 자율성도 확대되었다.

1~2학년군 수학(초등학교 저학년)

수학을 처음 시작하는 때다. 수와 연산 영역에서는 두 자리 수의 덧셈과 뺄셈이 주를 이루고, 곱셈을 처음 시작하여 곱셈구구까지 배운다. 나눗셈은 아직 배우지 않는다. 도형 영역에서는 입체도형과 평면도형을 모양대로 분류하는 작업과 그 구성 요소만 배운다. 측정 영역은 시계를 읽는 것이 주를 이룬다. 규칙성 영역에서는 규칙 찾기를 한다. 확률과 통계 영역에서는 분류하기, 표 만들기, 그래프 그리기 활동을 한다.

구체적 조작을 통한 학습

요즘 아이들은 정말 불쌍하다. 초등학교 저학년에는 활발하게 뛰어노는 것 자체가 학습이라고 할 수 있는 나이인데, 책상머리에 가만히 앉아 연산 문제집이나 학습지를 풀게 하는 부모가 많다. 그러니 점차 수학은 재미없고 골치 아프다며 투덜대기 시작한다. 저학년 수학은 철저하게 몸으로 익혀야 개념이나 원리를 잘 이해하고 재미도 느낄 수 있다. 문제집이나 학습지를 이용한 학습은 가급적 고학년 때부터 시작해야 한다.

과학관이나 수학 체험관에서 운영하는 캠프 프로그램을 보면 문제집 풀기와 같은 활동은 찾아보기 힘들다. 대부분 조작 체험 활동으로 이루어져 있다. 책상머리에 앉은 아이가 공부하는 모습과 캠프에 참가한 아이가 뛰어노는 모습은 정말 대조적이다. 초등학교 저학년은 실질적·체험적 사고를 위주로 하기 때문에 조작 체험을 통해 수학을 공부하는 것이 실력 향상에 가장 적합하다.

저학년 아이는 대부분 '손가락셈'을 한다. 즉, 손가락을 이용하여 덧셈과 뺄셈을 한다. 그런데 손가락셈을 하지 못하게 말리는 부모들이 꽤 있다. 수학은 머리로 해야만 제대로 하는 것처럼 보이고, 손가락셈은 수학적인 발달에 장애가 된다고 생각하는 모양이다. 하지만 이것은 아이들의 특성과 학습 방법을 오해한 데서 생긴 일이다. 심리학자인 피아제는 초등학생 시절이 구체적인 조작기라고 했다. 아이들은 구체적인 조작 활동을 체험해야 수학의 개념, 원리를 더 잘 이해할 수 있다. 계산하면서 손가락을 쓰는 것은 일종의 조작 체험 활동에 속한다. 왜냐하면 아직 지적 발달이 완성되지 않아 암산과 같은 추상적인 계산이 어렵기 때문이다.

한편 성인들이라도 손가락셈을 자주 사용하는 경험을 했을 것이다. 구체적인 조작 체험 활동은 어느 시기에나 새로운 것을 학습할 때 항상 필요한 것이다. 구체적인 조작이나 노작 활동(나열 활동 등)이 사고의 시작이다. 그러나 중학생이 되어서도 구체적인 활동이 추상적인 사고로 이어지지 않게 되면 사고가 자라지 않아 학습에 장애가 생긴다. 고등학생이라도 새로 배우는 수학 개념은 형식적인 조작으로 배우기보다 구체적인 조작으로 배우는 것이 쉽다. 이차곡선에 나오는 포물선이나 타원, 쌍곡선을 이차식으로 배우는 교과서 앞에서 종이접기를 통하여 이런 곡선들을 접으며 그 원리를 터득하는 것은 당장의 시험문제를 푸는 데는 별 필요 없는 것으로 여겨질 수 있다. 하지만 이차곡선에 대한 근본적인 원리를 이해하고 이를 이용하여 다양한 문제를 해결하는 데 있어서는 교과서만으로 배운 학생이 몸으로 터득한 학생을 이길 수 없을 것이다. 고등학교를 졸업한 이후에도 어떤 지식이 살아 있을 것인지는 조금만 생각해봐도 쉽게 분간할 수 있다.

맹목적인 연산 훈련은 글쎄

많은 사람들은 수학의 기본이 연산이라고 주장하며, 초등 저학년에서는 연산에 대한 기계적 훈련이 필요하다고 강조한다. 그래서 계산법 책이 많이 팔린다고 한다. 그러나 나는 동의할 수 없다. 아무리 연산이 중요하다고 하더라도 초등학생에게 지극히 추상적인 수를 아무런 상황이나 맥락도 없이 단순 기계적으로 반복시키는 것은 그리 효과적이지 않다. 지면이 아깝더라도 모든 연산 문제에 상황을 같이 전개하여 맥락을 이해하면서 사칙연산을 하도록 하는 것이 장래를 위해서 좋을 것이다.

시계 읽는 것으로 시작하는 측정 영역

초등학교 저학년의 측정 영역은 시계를 읽는 것이 주를 이룬다. 저학년에서는 아직 초까지 다루지 않으므로 시각을 '몇 시 몇 분'까지 읽는 정도면 충분하다. 그런데 학교의 초등학교 저학년 수학 수업에서 사용하는 모형시계는 대부분 실물이 아니고, 약간 조잡한 것이 대부분이다. 이럴 경우 생기는 문제는 시침과 분침이 정확히 맞아 돌아가지 않는다는 것이다. 그래서는 아이들이 시침과 분침의 유기적인 관계를 이해하지 못할 우려가 있다. 집에서 실제 시계를 가지고 부모가 교과서를 보면서 부족한 점을 보완해줄 필요가 있다.

곱셈을 시작하는 구구단

곱셈의 기본 개념은 '동수누가(同數累加)', 즉 덧셈이다. 똑같은 수를 계속 더하는 일은 지루한 일이다. 그래서 간단하게 곱셈으로 처리한다. 7을 여섯 번 더해 42가 되는 것을 '7×6=42'로 쓰는 것이다. 동수누가의 개념을 잘 받아들이지 못하는 경우, 이와 더불어 '뛰어 세기'나 '묶어 세기'를 가르치면서 곱셈의 다양한 개념을 익히게 하는 것이 좋다. 수학의 개념은 어느 한 가지 설명으로 불충분할 경우가 많다. 그리고 아이가 다양한 개념 설명을 익히면 그중 어느 것을 보다 잘 이해하는지에 대해서는 개인차가 있으므로 다양할수록 유리하다.

곱셈을 배우면서 구구단이 등장한다. 이때 곱셈의 정확한 의미를 이해시킨 후에 비로소 구구단을 외우게 해야 한다. 구구단을 외울 때도 수시로 곱셈의 개념을 확인시켜야 한다. 그렇지 않으면 구구단은 우리나라 수학에서 처음으로 등장하는 '단순 암기'가 될 가능성이 높다. 그리고 이런 강요된 단순 암기의 나쁜 추억으로 수학 과목에 대한 이미지가 흐려지면 수학에 대한 부정적인 태도가 싹트기 시작한다.

구구단을 비롯한 곱셈 중 분배법칙도 단순한 알고리즘 암기의 전형적인 예다. 중학생이 되어 문자를 배우면 분배법칙을 배우게 되고 '3(n+2)=3n+6'이라는 계산을 할 줄 알게 된다. 문제는 왜 그렇게 계산하는가를 물으면 분배법칙을 쓰면 된다는 식의 대답 이외에 동수누가의 개념을 전혀 들을 수가 없다는 것이다. 외국의 아이들은 '3(n+2)'가 왜 '3n+6'이 되는지를 물으면 대부분 '3×(n+2)', 즉 'n+2'를 세 번 더하는 것이니 n을 세 번 더하여 3n이 되고 2를 세 번 더하여 6이 되므로 결과가 '3n+6'이 된다고 설명한다. 우리 아이들은 공식이나 법칙 또는 알고리즘을 한 번 외우고 익히면 개념 자체를 잊어버리는 경향이 있고, 아이들에게 강요되는 학습 형태가 그런 방식을 더욱 부추기고 있다.

공식이나 알고리즘은 어떤 문제를 해결하는 지름길이나 비법처럼 느껴지는 것이어서 자꾸 사용할수록 매력을 느끼게 되고, 거기에 빠져들게 된다. 되돌려 생각하면 공식을 많이 사용할수록 개념이나 원리는 그만큼 도태되고 생소해진다. 하지만 수학 문제가 공식이나 알고리즘을 그대로 이용하는 것만 나오는 것이 아니기 때문에 개념을 묻는 근본적인 물음 앞에 허망하게 무릎을 꿇고 마는 아이들이 발생한다.

19단과 단순 암기의 문제

한때 우리나라에 19단이 유행한 적이 있었다. 수학의 강국 인도에서는 19단까지 암기하는 것이 기본이라는 주장이었다. 19단까지 외운 학생과 그렇지 않은 연예인을 대상으로 계산력 테스트를 했다. 누가 이길 것인가? 방송 전에도 이미 예견되었듯이 당연히 19단까지 외운 학생의 승리로 끝났다. 이유는 간단하다. 19단에 관한 문제로 테스트할 때는 무조건 19단까지 외운 사람이 유리하다. 그러나 보다 복잡한 문제를 푸는 상황에서는 19단까지 외운 사람이 유리하다는 보장이 없다.

그런데 중요한 것은 과연 19단을 외우지 못하면 19단을 사용하는 문제에 대하여 해결할 방도가 없는가, 라는 문제다. 구구단까지만 외운 보통 사람들은 19단까지의 계산을 할 수 없을까? 절대 아니다. 구구단만 가지고도 19단보다 더 복잡하고 큰 계산 문제를 충분히 해결할 수 있다.

이런 측면에서 수학의 연결성을 중요시해야 한다. 구구단을 이용하는 것과 19단을 이용하는 것 사이에 문제를 해결하는 시간적 차이가 매우 크다면 19단을 외우는 것을 고려해볼 수 있지만 구구단을 이용해서 해결하더라도 그리 큰 차이가 없을 것이다. 이렇게 별로 큰 이익이 없는 일에 기억장치의 상당 부분을 할애함으로

써, 그렇지 않아도 잘 돌아가지 않아 걱정인 두뇌에 부담을 키워 줄 이유는 없다.

구구단을 이용하여 19단 문제가 해결 가능하다는 측면에서 수학은 연결성이 강조된다. 중요한 개념 하나하나를 정확하고 아주 자세히 학습하여 익힌다면 그것과 연관되는 모든 개념이나 문제 해결에 전이(轉移)할 수 있는 힘을 가지게 될 것이다. 그래서 외관상 전혀 새로운 형태의 문제를 접하더라도 이미 학습한 중요한 개념에 관련된 문제라면 자연스럽게 문제의 구조가 파악된다. 중요한 개념을 이용하여 문제를 해결해가는 것이 수학 학습의 진수라고 생각할 수 있다. 많은 수학 문제는 겉으로 보기에는 서로 달라 보이지만 그 속에 흐르는 핵심은 비슷한 것이 많다. 미국의 수학 교육과정에서는 이것을 중요한 수학(significant mathematics 또는 big ideas)이라 하였고, 중요한 수학을 정확히 이해한 다음 이것을 이용하여 연결 짓는 능력과 전이를 강조한다.

고학년이 되면 수학에 새로운 개념이 많이 나온다고 해서 수학을 점점 어려워하는 아이들이 있다. 새로 나온 개념을 이미 알고 있는 개념에 비추어 비슷한 점을 발견하게 되면 더 이상 생소하지 않을 것이다. 그러므로 고학년에 순수하게 새로 나오는 것은 몇 가지를 넘지 않는다. 따라서 개념에 대한 이해를 튼튼하게 다지지 않은 상태에서 문제만 많이 풀게 하는 것은 자칫 공부 분량만 늘리고 불평 요소만 키울 가능성이 있다. 수학을 좋아하는 아이가 공통으로 하는 "수학은 외울 것이 없어서 좋다"는 말의 뜻을 되새길 필요가 있다. 반대로 수학을 싫어하는 아이는 “수학은 공부할 것이 너무 많아서 싫다”고 한다. 이것은 공부하는 방법의 차이에서 기인한 것이다.

쉬워진 확률과 통계 영역

초등학교 확률과 통계 영역 전체를 분석하면 자료 정리, 분류, 도식화로 요약할 수 있다. 이를 1~2학년군에서 이미 다 경험하게 된다. 그래서 이때 제대로 익혀놓으면 이 영역은 무리 없이 마칠 수 있다. 2007 개정 교육과정에서는 6학년 교과서의 ‘경우의 수와 확률’이라는 단원이 학생들에게 가장 어려운 내용으로 인식되어 있었는데, 이것이 중학교와 중복이 되고 교육과정 내용을 축소하는 방침에 따라 중학교로 이동하였다. 그래서 초등학교의 확률과 통계 영역은 학생들에게 큰 부담을 주지는 않는다.

그러나 그렇다 하더라도 1~2학년 아이들이 다양한 활동을 통하지 않고 이론적으로만 익히게 하면 통계적인 감각을 익히지 못하게 되어 중학교 이후에 확률과 통계가 어렵게 다가올 가능성이 있다.

3~4학년군 수학(초등학교 중학년)

수와 연산 영역에서는 곱셈과 나눗셈을 본격적으로 배운다. 또한 분수와 소수에 대한 학습이 시작된다. 도형 영역에서는 원의 구성 요소와 여러 가지 삼각형과 사각형, 다각형 등 평면도형 전체를 배운다. 측정 영역에서는 시간, 길이, 들이, 무게, 각도 등을 모두 다루며 어림하기와 수의 범위를 배운다. 규칙성 영역에서는 규칙 찾기와 대응을 배우고, 확률과 통계 영역에서는 자료 정리 및 막대그래프와 꺾은선그래프를 배운다.

수학이 싫어지는 현상이 발생하는 중학년

3학년이 되면서부터 우리나라 수학은 갑자기 어려워진다. 아이마다 수학에 대한 호불호(好不好)가 분명해지고, 시험 점수에서도 차이가 벌어지기 시작한다. 이때부터 수학에 대한 개인차가 많이 발생한다. 가장 결정적인 원인은 연산이다. 자연수뿐만 아니라 분수와 소수까지 나오면서 고학년으로 이어지는 연산의 대장정이 시작되는 시기이기 때문이다.

저학년에서는 수학을 다소 소홀히 했더라도 금방 따라잡을 수 있지만, 중학년부터 학습량이 많아지기 때문에 부모가 관심을 갖지 않는 사이에 아이들은 수학 학습으로부터 멀어져 있는 경우가 종종 발생한다. 매일 조금씩 자기 주도적으로 수학을 공부하는 습관을 이때부터 길러야 한다. 초등학생에게 고등학생과 같은 강도의 공부를 강요하라는 것은 아니다. 다만 매일 꾸준히 일정 시간 동안 수학을 공부하는 습관을 갖게 해서 스스로 하게 되면 그 다음부터는 부모가 관심을 덜 써도 평생 공부하게 된다.

진짜 수학 성적은 학원에서 얻어지지 않는다. 아이의 수학 실력은 본인이 스스로 문제를 풀기 위해 얼마나 고민하고 얼마나 많이 풀어봤느냐에 좌우된다. 고민을 거듭한 끝에 정답을 알아냈을 때 느끼는 쾌감이야말로 아이가 수학을 잘하게 되는 비결이다. 이를 위해서는 자기 주도 학습 능력이 반드시 필요하다. 적어도 고학년이나 중학생이 되기 전에 자기 주도적으로 공부하는 습관을 만들지 못하면 고등학생이 되어서까지 속을 썩인다.

나눗셈의 두 가지 개념

곱셈의 개념이 동수누가(同數累加)라면 나눗셈의 개념은 동수누감(同數累減)이다. 예를 들어 '18÷6'은 '18에서 6을 반복하여 뺄 때 0이 될 때까지 몇 번을 빼는가'와 같다. 18-6-6-6=0, 6을 세 번 빼면 0이 나오기 때문에 '18÷6=3'이라고 쓴다. 이것은 전문용어로 '포함제(包含除)'라고 한다. 즉 '18÷6'은 '18이 6을 몇 번 포함하고 있는가?'라는 뜻으로 해석된다.

그런데 또 다른 나눗셈의 개념이 있다. 그것은 '등분제(等分除)'라는 개념이다. 이것은 '18÷6'을 '18개의 사탕을 6명에게 똑같이 나누어준다면 각 사람은 몇 개씩 받는가?'라는 뜻으로 해석한다. 그래서 18개의 사탕을 가지고 6명에게 하나씩 나누어주고, 또 남은 12개를 6명에게 하나씩 나누어주고, 또 남은 6개를 6명에게 하나씩 나누어주면 남은 사탕은 없게 된다. 이때 각 사람이 받은 사탕은 3개씩이기 때문에 '18÷6=3'이라고 쓴다.

나눗셈에서 주의할 점은 상당수 아이들이 등분제나 포함제 중 어느 한쪽 개념은 잘 받아들이면서 다른 쪽 개념을 잘 이해하지 못한다는 것이다. 특히 등분제 개념만 받아들이는 경우가 많은데, 실제 상황이 포함제의 개념으로 주어지면 나눗셈을 하지 못하게 된다. 실제적인 다양한 상황에 대한 경험이 중요하다.

등분제가 아이들에게 많이 남아 있는 것은 숫자가 커지면 포함제가 다소 복잡한 반면 등분제는 형식적인 계산이 쉽기 때문이다. 그러나 나눗셈의 근본 개념이 동수누감이라는 사실을 감안하면 등분제에 치우친 공부는 기본 개념을 소홀히 할 우려가 있다.

초등에서 가장 중요한 분수 개념의 시작

분수는 전체를 나눈 부분을 나타내는 개념이다. 아이들은 나누는 대상이 1개일 때는 곧잘 이해하지만 그 대상이 많아지면 헷갈려 하기 시작한다. 분수는 나누는 대상의 개수와 상관없이 항상 전체를 '1'로 생각하면 된다. 하지만 아이들은 이 부분을 굉장히 어려워한다. 사과 1개를 똑같이 다섯 조각으로 나누면 한 조각은 $\frac{1}{5}$, 두 조각은 $\frac{2}{5}$로 표현할 수 있다. 이것이 분수의 처음 도입이다. 그런데 조금 지나면 사과 여러 개를 나누는 상황이 발생한다. '사과 10개의 $\frac{1}{5}$은 얼마인가?'라는 질문에서의 $\frac{1}{5}$과 처음 배운 대로 사과 1개를 똑같이 다섯 조각으로 나눈 한 조각으로서의 $\frac{1}{5}$이 전혀 다른데, 똑같이 $\frac{1}{5}$이라는 표현을 사용하고 있으니 기가 막힐 노릇이다.

전체가 1이라는 개념이 없으면 대소 비교도 할 수 없다.

오른쪽 그림에서 $\frac{1}{2}$과 $\frac{1}{3}$은 어떤 게 더 클까? 그림에서 차지하는 넓이를 보고 고민하는 아이들이 많다. 전체 1에서 차지하는 비율이라는 개념은 쉽지 않다.

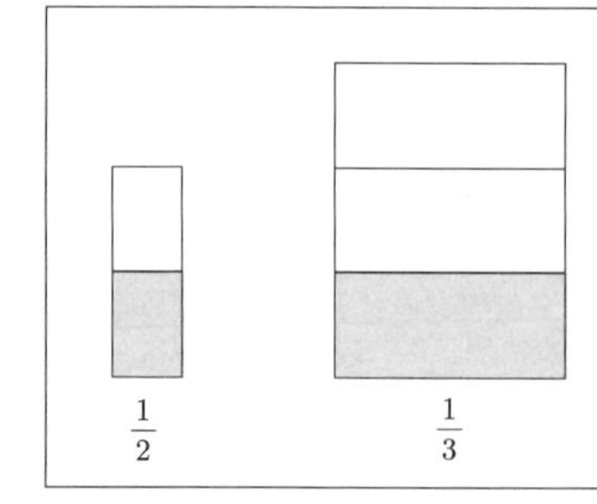

덧붙여 $\frac{1}{2}+\frac{1}{3}$을 $\frac{2}{5}$라고 답하는 경우도 많이 있다. 그것은 오른쪽 그림에서 $\frac{1}{2}$은 둘 중의 하나이고, $\frac{1}{3}$은 셋 중의 하나이므로 전체를 생각하면 다섯 중의 둘, 즉 $\frac{2}{5}$라고 생각한 것이다.

각각을 6으로 통분해놓고 다음과 같이 멋지게 틀리는 경우도 있다.

$$\frac{1}{2}+\frac{1}{3}=\frac{3}{6}+\frac{2}{6}=\frac{5}{12}$$

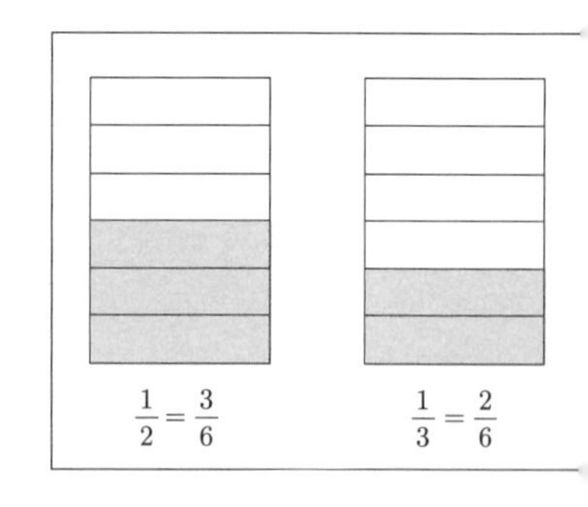

또한 단순한 분수의 덧셈에서는 $\frac{1}{4}+\frac{2}{4}=\frac{3}{4}$이라고 계산하지만 야구에서 타율을 계산할 때

는 뭔가 이상한 일이 벌어진다. 어제 4타수 1안타를 쳤고, 오늘은 4타수 2안타를 쳤다면 이틀간의 타율은 8타수 3안타가 된다. 이것을 수식으로 표현해보자. 어제 타율은 $\frac{1}{4}$이고 오늘 타율은 $\frac{2}{4}$이며 이틀간의 타율은 $\frac{3}{8}$인데 마치 $\frac{1}{4}+\frac{2}{4}=\frac{3}{8}$이 되는 것처럼 나타난다. 똑같이 전체에 대한 부분을 나타내는 분수 형태의 수인데 그 계산 결과가 다르게 나타나는 현상을 어떻게 설명하고 이해시킬 것인가?

어려워지기 시작하는 도형

중학년에서 아이들이 어려워하는 도형은 사각형이다. 아이들은 정사각형이나 직사각형에 대해서는 대체로 잘 이해하지만 마름모, 사다리꼴, 평행사변형은 잘 구분하지 못하고 혼란스러워 한다. 그것은 용어가 아이들의 일상과 관계없기도 하고, 사각형 사이의 포함관계가 애매하기 때문이다. 용어를 정의하는 방법에는 포함적인 방법과 배타적인 방법이 있는데 우리나라에서는 포함적인 방법을 받아들이고 있다. 배타적이라는 것은 사각형을 종류별로 포함시키지 않고 독립적으로 정의하는 방식이다. 예를 들면 네 각의 크기가 같고, 네 변의 길이도 같은 사각형은 정사각형이면서 직사각형이라고 할 수도 있지만(포함적 정의 방법), 네 각의 크기가 같지만 네 변의 길이가 다른 것만 직사각형이라고 정의할 수도 있다(배타적 정의 방법). 수학의 학문적 구조로 보면 포함적 정의 방법이 타당한 경우가 많지만 일상에서는 배타적 정의 방법이 더 많다. 어른들에게 정사각형을 보여주면서 "이게 사다리꼴인가요?"라고 물으면 대부분 아니라고 답한다. 더 끔찍한 초등학교 4학년 문제는 정사각형, 직사각형, 마름모, 평행사변형을 주고서 '다음 중 사다리꼴은 모두 몇 개인가?'라고 묻는 것이다. 이 문제에 대한 아이들의 답을 실제로 보면 하나도 없다는 답과 함께 1개, 2개, 3개, 4개까지 다양한 답이 나올 것이다.

공식으로만 받아들이는 평면도형의 넓이

가로가 3㎝이고 세로가 4㎝인 직사각형의 넓이가 12㎠인 이유는 그 직사각형 안에 단위넓이(1㎠)의 정사각형이 가로에 3개, 세로에 4개가 들어가 전체에 12개가 들어가기 때문이다. 즉 '3×4=12'이다. 이것도 한 번 받아들이면 늙을 때까지 평생 '직사각형 넓이=(가로)×(세로)'로만 외우기 때문에, 왜 그런지를 생각하면 막연하다.

사다리꼴의 넓이는 어떤가? 처음 배울 때는 사다리꼴 2개를 붙여서 평행사변형을 만들어 그 넓이를 구하는 방식으로 공식을 만들게 된다. 그래서 만들어진 것이 '(윗변+아랫변)×(높이)÷2'라는 공식이다. 역시 평생 간다. 공식을 외우게 되면 그 다음부터는 이 공식에 기계적으로 숫자를 대입하여 답을 구해낸다. 하지만 이 공식이 나온 원리를 제대로 이해하지 못하면 사다리꼴 넓이를 구하는 방법이 이 한 가지밖에 없다고 단정해버리기 쉽다. 그러나 사다리꼴의 넓이는 이렇게만 구하는 것은 아니다. 다음 그림에서 보는 바와 같이 사다리꼴의 넓이를 내는 방법은 정말 다양하다.

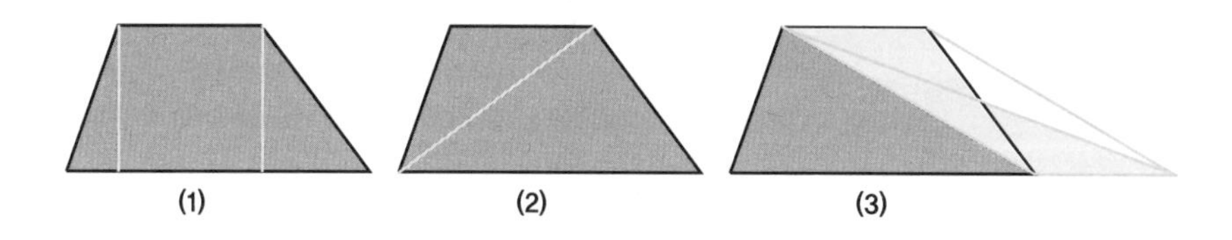

(1)은 하나의 직사각형과 두 삼각형으로, (2)는 두 삼각형으로, (3)은 넓이가 똑같게 변형하여 하나의 삼각형으로 사다리꼴의 넓이를 구하고 있다. 이런 방법들은 어려워서 학생들이 생각해내기 힘들 것이라 생각하지만 그렇지 않다. 다양한 사고 과정을 통해서 사다리꼴의 넓이를 구하는 방법이 여러 가지가 있다는 것을 알게 된다면 아이들은 또 다른 방법이 없을까를 고민하게 되고 시행착오를 통해 다른 방법을 찾는 데 흥미를 갖고 도전할 것이다. 이런 작업이 바로 수학적 사고력과 창의력을 발달시키는 학습 방법이다.

하나의 공식만을 암기시키는 방법은 아이들의 사고를 경직시킬 우려가 높으며, 만일 그 공식을 기억해내지 못하면 아이들은 그 문제를 해결하는 것을 포기하고 만다.

5~6학년군 수학(초등학교 고학년)

수와 연산 영역에서는 약수와 배수를 배우며, 분수와 소수의 연산이 주를 이룬다. 도형 영역에서는 합동과 대칭의 개념, 그리고 입체도형 전체를 배운다. 측정 영역은 도형 영역과 관련하여 평면도형과 입체도형의 넓이와 부피를 배운다. 규칙성 영역에서는 비와 비율, 정비례와 반비례를 배운다. 확률과 통계 영역에서는 가능성과 평균, 비율그래프를 배운다.

사회생활에 꼭 필요한 통계 해석 능력

스마트폰 등으로 최근 2년간 생성된 자료는 과거 수천 년 동안 축적된 자료를 능가한다. 그래서 21세기를 사는 인간에게는 그 어느 것보다도 필요한 자료를 골라서 찾아내고 해석하는 능력, 그리고 나에게 맞는 자료로 재가공하는 능력이 요구된다.

신문은 통계의 산 교과서라고 할 수 있을 만큼 다양한 통계 자료를 제시해준다. 초등 수학에서 다루는 막대그래프, 꺾은선그래프뿐만 아니라 희귀한 그림그래프까지 그 종류도 다양하다. 이런 그래프를 보면서 아이에게 그래프 읽는 방법과 그래프의 장점에 대해 설명해주면 좋다. 특히, 자료의 평균과 분포를 어림하는 수치 해석 능력은 모든 학문에 필요하다. 대학에서 치르는 수리논술의 경우, 요즘 많이 변질되어 본고사 형태의 문제가 많이 출제되고 있지만, 본래 수리논술 문제들은 통계 자료의 해석 능력을 필수 요소로 하고 있었다.

아이들을 괴롭히는 분수의 본격적 계산

분수는 곱셈과 나눗셈보다 덧셈과 뺄셈이 더 괴롭다. 분모가 다른 경우에 통분을 해야 하기 때문이다. 곱셈은 분모가 달라도 그냥 곱하면 되지만 덧셈이나 뺄셈은 분모가 다를 경우 최소공배수를 찾아 분모를 통일해야만 계산이 된다. 분수의 이런 과정이 아이들을 괴롭힌다.

자연수는 4년에 걸쳐서 배우기 때문에 한두 가지 미비한 점이 발생하더라도 그 다음번에 저절로 해결되기도 한다. 하지만 분수는 거의 1년 내에 한꺼번에 몰아서 배우기 때문에 미비한 점이 해소될 기회를 갖지 못한 채로 중학교에 올라가게 된다. 중학교에 가면 분수를 숫자로 다루는 것이 아니라 문자로 다루기 때문에 더욱 미궁에 빠지게 된다.

가장 중요한 수학 개념 중 하나인 비와 비율

고학년 때 처음 등장하는 비와 비율 개념은 계속 연비, 비례식,

정비례, 반비례 개념으로 확장된다. 이는 아이들이 많이 혼동하는 부분이다. 비와 비율은 아이들이 어려워하는 분수와 연결되는 개념이기 때문에 정확한 개념 정립이 필요하다.

교과서에 나오는 '비교하는 양, 기준량, 비, 비의 값, 비율, 백분율' 등 다양한 용어를 일일이 구별하여 뜻을 외우는 것 자체가 큰 스트레스다. 그러므로 비율이라는 개념 하나만 정확하게 이해하는 것이 중요하다. 일상생활 맥락에서 실제적인 의미로 사용하도록 지도하는 것이 바람직하다. 자주 사용해야만 그 의미와 개념이 머릿속에 남는다.

나는 초등학교에서 비율의 개념이 가장 중요하다고 생각한다. 이것은 중학교 올라가서도 여러 가지 개념의 기본이 된다. 원주율을 구한다든가 닮음, 삼각비, 피타고라스 정리, 직선의 기울기 등 비율의 사용처는 무궁무진하다. 그러므로 비율에 대한 감각은 정확히 몸에 익혀 항상 사용 가능한 상태로 유지해야 한다.

조작 체험 활동이 효과적인 입체도형

초등학교의 도형은 입체도형으로 시작해서 입체도형으로 마친다. 평면도형과 입체도형 중 삼차원인 입체도형을 이차원 평면도형보다 나중에 배우는 것이 당연하게 느껴지는데 왜 시작을 입체도형으로 하는지에 대해 의문을 가질 필요가 있다. 도형의 구체물을 생각하면 입체도형으로 시작하는 이유를 추론해낼 수 있다. 이차원인 평면도형은 그 구체물이 없다. 삼각형을 본 적이 있는가?

정사각형은 어디 있는가? 그러나 상자 모양, 기둥 모양, 구 모양은 도처에 많이 있다. 그러므로 구체적인 물건으로부터 시작하는 초등 저학년에서는 입체도형으로부터 도형을 시작하는 것이다.

이차원인 평면도형에서 넓이를 다루듯이 고학년에서는 삼차원 입체도형의 부피를 다룬다. 직사각형의 넓이와 마찬가지로 직육면체의 부피가 기본이 되면서 곱셈의 개념으로 부피를 다룬다. 가로의 길이가 4㎝, 세로의 길이가 3㎝, 높이가 2㎝인 직육면체의 부피를 '4×3×2=24㎤'로 계산하는 이유는 그 직육면체 안에 단위 부피(1㎤)의 정육면체 주사위가 가로로 4개, 세로로 3개, 위로 2개가 들어가서 전체 24개가 들어가기 때문이다. 이 부피 개념도 한 번 받아들이면 늙을 때까지 평생 '직육면체 부피=(가로)×(세로)×(높이)'로만 외우는데, 왜 그러냐고 하면 역시 막연하다.

사람은 삼차원 동물이므로 삼차원인 입체도형을 다루는 능력, 즉 공간 감각이 탁월하지 못하다. 땅바닥에 기어 다니는 개미는 거의 이차원 동물이다. 사람이 개미를 보고 있으면 그 개미의 활동이 빤히 보인다. 그러므로 삼차원 동물인 사람의 활동을 빤히 알 수 있으려면 사차원 존재가 되어야 한다. 하지만 사람은 삼차원 동물이다. 그렇기 때문에 사람에게는 공간 감각이 부족한 것이다. 그 부족한 것을 메꾸어주는 것이 구체적인 조작물이다. 입체도형은 꼭 구체물을 조작하도록 해야 한다. 중·고등학교에 가서도 마찬가지다. 중·고등학생은 피아제가 주장하는 형식적 조작기에 해당하지만 그렇다고 수학을 형식적 조작으로 배우는 것이 효과적이라는 뜻은 아니다. 수학의 모든 개념을 처음 배울 때는 구체적인 조작이나 귀납적 활동을 통해 감각적으로 이해하는 것이 효과적이다. 그러므로 어려운 개념일수록 구체적인 조작 활동이 더욱 필요하다.

초등학교 도형과 중·고등학교 도형

모든 도형의 성질에 대한 학습은 초등에서 완성된다. 중·고등학교에서는 이를 반복할 뿐이다. 그러므로 초등학교에서 도형의 성질을 단순히 암기하게 되면 중·고등학교의 어려운 도형 문제에 적용시킬 수가 없다. 도형의 기본 개념과 성질을 직관적으로 정확히 이해할 수 있도록 지도해야 한다.

초등학교에서 직관적으로 이해한 도형은 중·고등학교에서 보다 논리적인 증명을 요구하게 된다. 그리고 보다 형식적으로 심화되기도 한다. 도형에 관한 성질을 보다 깊이 있게 추론하며 도형을 좌표평면에 올려놓고 x, y에 관한 식으로 나타내기도 한다. 땅바닥에만 그렸던 원이 좌표평면 위에 그려지면 원의 방정식이 생긴다. 그러나 원의 성질은 변하지 않는다.

중학교 과정 예습은 6학년 겨울방학을 이용

10년 이상 아이들을 직접 키운 경험을 책으로 낸 '잠수네' 사람들의 증언에 의하면 선행학습은 실제로 별 효과가 없으며 초등학교 때는 더더욱 수학 선행학습을 하지 말라고 조언한다. 그리고 중학교 과정 예습도 초등 과정을 아이가 충분히 다졌다고 생각했을 때, 6학년을 마치고 중학교에 들어가기 직전인 겨울방학 때부터 시작해도 된다는 것이다. 여기에는 전제 조건이 있다. 아이가 선행학습은 하지 않았지만, 초등학교 시절 많은 독서 경험과 자기 주도적 학습 능력을 갖추고 있어야 한다. 그런 아이라면 중학교 선행학습을 하지 않았더라도 중학교에 들어가서 정상적인 학습이 충분히 가능하다. 오히려 독서가 부족하여 문해 능력이 떨어진다든가, 자기 주도적인 학습 능력이 부족한 상태로 고등학교에 올라가면 점점 뒤떨어지기 시작해서 고3에는 성적이 형편없게 되는 경우가 많이 있다.

에필로그

수학, 그래도 희망은 있다!

비트(bit)에 푹 빠져 사는 세대, 어린 시절부터 리모컨과 컴퓨터 마우스, 스마트폰을 손에서 놓지 않고 사는 '넷 세대'가 바로 우리의 아이들입니다. 아이들은 평생 디지털 기기와 떼려야 뗄 수 없는 삶을 살 것입니다. 그들은 기성세대와는 완전히 다른 욕망과 기대를 가진 신(新)인류입니다. 아이들이 지식을 습득하는 방식은 우리와 다릅니다. 변화가 너무 빠른 탓에 이들이 성장하여 사회생활을 하면서 가지게 될 직업 중 상당수는 존재하지 않는 것입니다. 하지만 이들을 가르치고 장래를 준비시키는 교사와 부모는 아직 이들 '넷 세대'를 이해하지 못하고 있습니다. 준비가 덜 되어 있는 것입니다. 지금 가르치는 내용은 과거처럼 기성세대가 가진 지식이나 문화를 전수하는 것과는 달라야 합니다. 아이의 사고력과 잠재적인 역량을 길러주어야 합니다. 장래 어떤 환경과 세계가 도래하더라도 거기에 잘 적응할 수 있고, 새로운 세상에서 스스로 살아갈 수 있는 힘을 키워주어야 합니다.

21세기가 되었지만 오늘날 학교와 사회의 교육 시스템은 중세와 19세기, 그리고 20세기 산업시대의 달력에 맞춰져 있습니다. 언어와 수학, 사회, 과학, 예체능으로 나눠진 현재의 교과목은 중세시대에 고안된 것입니다. 산업시대의 효율성과 다수를 동시에 가르치는 집단교육은 여전히 시간을 일률적으로 통제하는 종소리에 맞춰 40~50분 단위로 이루어지고 있습니다. 콩나물 교실의 밀도는 줄었지만 아직도 우리나라를 비롯한 동남아 지역에는 한 교실에 40명 정도의 학생을 수용하는 학교가 존재합니다. 일제식·강의식 수업도 성행하고 있습니다. 지금 아이들은 개인주의적인 성향이 강합니다. 자기들 스스로 활동하면서 개성 있게 공부하는 것을 원합니다. 그런 아이들이 좁은 교실 속에 갇혀 별 의미 없는 내용을 강요 받으며 하루하루를 허비하고 있습니다. 그것은 아이들의 미래를 위한 일이 아닙니다.

글을 마무리했지만 마음은 편치 않습니다. 제 글을 읽고서도 여전히 아이 스스로 공부할 습관과 힘을 키워주지 않고 사교육에 의존하며 어릴 때부터 경쟁에 시달리게 할 부모가 대부분일 거라는 생각 때문입니다. 오늘도 아이들은 수학 때문에 힘들어합니다. 흔히 공부에 대한 압박 때문이라고 말하지만 그 공부라는 것이 구체적으로는 수학일 것입니다. 더 이상 아이들이 수학 공부 때문에 힘들어하지 않도록 몇 가지 제도적인 제안을 하고 싶습니다. 제도를 바꾼다는 것은 제 개인의 노력으로는 어림없는 일입니다. 그래서 나라 전체가 나서야 합니다. 아이들을 제대로 키워낼 수 있는 진정한 방법을 찾아야 합니다.

첫 번째 필요한 것은 공교육의 변화입니다. 학교 수업과 학생들의 학교생활에 획기적인 변화가 필요합니다. 지역적인 움직임이지만 학교의 중심을 수업의 혁신에 두고 수업을 통해서 아이들을 살려내고자 하는 노력이 점점 결실을 맺어가고 있습니다. 경기도에서 시작된 수업 혁신은 서울과 강원도, 광주와 전라남북도로 이어졌습니다. 그리고 깨어 있는 교사들이 움직이기 시작했습니다. 여태껏 위에서 내려오는 교육정책이 성공한 사례가 별로 없습니다. 수업 혁신 운동은 아래서부터 시작되었습니다. 그래서 파급력은 크지 않아도 생명력은 든든합니다.

우리나라의 수업 혁신은 현장 교사들의 오랜 숙원이었지만 시시각각 변하는 대학 입시 앞에 속수무책으로 무너져왔습니다. 그러나 이제 더 이상 수업 혁신을 미룰 수 없는 상태가 되었습니다. 마침 곳곳에서 들불처럼 일어나는 성공의 경험이 입에서 입을 타고 전파되고 있습니다. 이런 변화는 스웨덴이나 핀란드 등 유럽에서는 30년 이전에 벌써 일어난 일이고, 2000년대 미국 부시 행정부에서 만들어진 민간보고서 'Glenn Report'에 의한 낙오자방지법(NCLB, No Child Left Behind!)에서도 강조하는 내용입니다. 이들은 학교 교육의 변화의 중심을 수업에 둡니다. 학교가 수업을 가장 잘할 수 있도록 모든 것을 배려하고 있습니다. 아이들은 수업을 통해서만

살릴 수 있습니다. 그래서 모든 정책은 이 원칙을 지켜야 합니다.

두 번째 필요한 것은 교사들이 수업에 전념할 수 있도록 평가 제도를 획기적으로 변화시키는 것입니다. 가장 먼저 없애야 할 것은 전국 단위의 일제고사입니다. 학업성취도평가는 본래 학생들의 학업성취도를 국가가 대략적으로 관리하기 위해서 표본을 뽑아 실시해왔습니다. 그래서 아이들 개인의 성적보다는 전국적인 자료를 수집하는 것이 주목적이었습니다. 이것이 국가가 관리해야 할 일입니다. 그런데 지금은 전국의 모든 학생을 대상으로 일제고사를 봅니다. 그 결과를 학교 평가에 적용하면 학교와 교사의 존재는 지식을 전달하고 시험 내용을 외우게 하는 기계적 역할에만 한정됩니다. 더욱이 표준화된 시험을 가장 잘 대비할 수 있는 것은 사교육입니다. 그렇다면 사교육과의 전쟁을 선언한 정부가 나서서 사교육을 유발하고 있는 셈이 됩니다. 전국적인 일제고사는 당장 중단되어야 합니다. 맥락은 조금 다르지만 한국교육과정평가원이나 각 시도교육청에서 출제하는 고3 대상 전국단위 수능 모의고사는 사설 평가의 난립을 막기 위해 시작되었지만 그 악영향은 조금도 다를 바가 없습니다. 나라 예산만 낭비하고 있는 것입니다.

생각을 조금 좁히면 학교 내에서도 일제고사가 이루어지고 있습니다. 상급 학교 진학을 위한 내신 성적을 산출한다는 명목으로 모든 학교는 어떤 교사가 수업을 했는지, 수준별로 이동 수업을 했는지와 관계없이 같은 학년에 똑같은 시험문제를 출제합니다. 이 폐해 또한 전국적인 일제고사와 마찬가지입니다. 교육에서 막대한 영향을 미치는 교사 개인의 자율성과 전문성이 말살되고 있습니다. 이 역시 사교육을 위한 제도입니다. 사교육을 받는 아이들은 교사의 수업에 충실하지 않아도 좋은 점수를 딸 수 있습니다. 이런 식이니 평가의 핵심이 지필고사가 됩니다. 많은 아이들은 짧은 시간에 채점할 수 있는 선다형 찍기 시험을 주로 치릅니다. 21세기의 인간을 기르는 데 이제 찍기 시험은 버릴 때가 되었습니다.

아이들을 진정으로 키워내는 평가 제도는 대학 교수와 같이 중·고등학교에서도 교사가 실제로 가르친 아이들만 평가하는 것입니다. 저는 이것을 교사별 평가 제도라고 부릅니다. 이 평가는 과정평가가 주가 됩니다. 수행평가로 우리에게 알려진 과정평가는 집에서 해오도록 숙제를 내주면 안 됩니다. 이것 역시 아이의 능력과 무관하게 가정의 환경이나 사교육의 영향을 크게 받을 우려가 있습니다. 그래서 모든 것을 수업 시간 내에서만 평가하고, 그 외의 것은 평가의 요소로 삼지 않아야 합니다.

셋째로 필요한 것은 지금까지 우리의 발목을 잡고 있는 입시 제도의 변화입니다. 특히 현재의 대학 입시 제도는 낭비적이며 망국적입니다. 대학에서는 고등학교 3년간의 생활과 공교육의 결과를 정상적으로 이용하여 학생을 선발해야 합니다. 그래야 공교육이 정상화됩니다. 학교 밖에서 준비하는 것이 유리한 선발제도는 공교육을 해칠 우려가 다분합니다. 그리고 지금 그 극에 달해 있습니다. 입학사정관제는 도입 취지가 무색할 정도로 각종 스펙만 요구한다는 비판을 받고 있습니다. 논술고사나 심층면접고사는 고등학교 내신 고사 성적과 수능 성적이 있는데도 불구하고 또 다시 줄을 세웁니다. 대학별고사는 공교육의 정상화를 해침은 물론 학교가 수업에 전념할 수 없도록 만드는 제도입니다. 그것은 사라져야 합니다.

대학은 부를 축적하는 기관이 아닙니다. 입학전형료도 만만치 않습니다. 그렇게 얻은 재정은 좋은 학생들, 공교육을 충실히 받고 잠재 능력이 있으며, 장래 발전 가능성을 가진 학생을 선발하는 도구를 개발하고 연구하는 데 사용해야 합니다. 이는 입학관리인원을 지금의 열 배 이상 늘려 1년 내내 각자의 대학에 맞는 학생을 선발하고 골라내는 노력을 통해서만 가능할 것입니다. 그러나 고등학교 교육과정의 정상적인 운영을 저해할 우려가 있는 요소는 절대로 만들면 안 됩니다. 교육과정에서 상당한 비중을 차지하는 창의적 체험활동이나 수업의 과정에서 교사가 직접 평가한 수행평가의 결과 등을 세심히 체크하고 변별력 있게 평가할 수 있는 능력이 있어야 합니다.

넷째로 필요한 것은 수학과 교육과정의 변화입니다. 지금 수학은 아이들에게 설득력이 없습니다. 실제로 많은 성인들이 중·고등학교에서 배운 수학이 인생에 무슨 소용이 있는지에 의문을 품고 있습니다. 수학을 하는 사람들은 수학이 아름다운 학문이라고 말합니다. 수학에서 배우는 논리력과 사고력, 추론 능력, 문제 해결 능력이 인간의 삶에 중요하다고 항변합니다. 맞습니다. 그러나 지금 가르치는 내용은 그 주장을 받쳐주지 못합니다. 정말로 그런 능력을 키워주는 수학으로 교육과정을 바꿔야 합니다.

불행히 전 세계 어느 나라에서도 아직 제 맘에 드는 교육과정을 보지 못했습니다. 모든 나라가 이 문제를 고민하고 있지만 정치적인 간섭과 학문적인 다툼으로 수학에 대한 만족할 만한 답을 얻은 나라는 없는 듯합니다. 그나마 맘에 드는 것이 있다면 네덜란드에 있는 프로이덴탈[1] 연구소가 기획하고 미국에서 출판한 2006년판 MiC(Mathematics in Context)[2]라는 교재입니다. 이 책은 아이들이 수학의 개념 형성을 쉽게 하지 못한다는 것을 고려합니다. 그래서 수학의 핵심이라고 할 수 있는 정의(定義)하기 또는 정의가 가장 마지막에 제시됩니다. 현재 우리나라 교과에는 정의가 가장 먼저 등장합니다. 왜 그렇게 정의해야 했는지, 어떤 필요에서인지 아무런 설명이나 이유를 제시하지 않습니다. 그것이 아이들에게 위협이 됩니다. 그럼 여기서부터 수학은 벽이라고 느끼기 시작합니다. MiC 교재는 그런 아이들의 감정을 다스리며 수학을 해야 할 이유와 수학을 생활 주변에서 느끼게 합니다.

현재의 수학 교육과정을 12층 석탑에 비유할 수 있습니다. 중간에 어느 한 층이라도 빠지면 석탑은 더 이상 쌓을 수가 없습니다.

---

1. 한스 프로이덴탈(Hans Freudenthal)은 네덜란드 위트레흐트(Utrecht) 대학에서 가르치면서 자신의 생각을 수학교육에서 구체화하여 현재 세계의 수학교육에 지대한 영향을 미치고 있는 현실적 수학교육론(Realistic Mathematics Education, RME)을 만들었다.

2. MiC 교재는 미국의 8개 주에서 25년 동안 실험을 거쳐 1998년에 완성되었으며, 여기에 그치지 않고 학교 현장의 지속적인 피드백을 받아 2006년 개정판을 냈다. MiC 교재는 수학의 학습이 항상 학생들 주변 삶의 맥락에서 시작되고 그것이 수학으로 연결되는, 그래서 학생들은 자신들 삶의 맥락에서 수학을 익혀나가는 것이 가능하도록 구성되었다. 1998년 판 MiC 교재는 우리나라에도 번역되어 판매되고 있다. 2006년 판은 아직 번역되지 않았다.

부실하게 쌓으면 언젠가는 무너지고 말 것입니다. 이런 특성 때문에 수학을 위계성이 강한 학문이라고 합니다. 수학이라는 학문이 위계성을 가지는 것은 당연합니다. 하지만 아이들에게 필요한 것은 수학이 아니라 수학교육입니다. 수학교육에서는 위계성을 최소화해야 합니다. 아이들은 초·중·고등학교 12년 동안 다양한 경험을 합니다. 질풍노도와 같은 사춘기를 겪으면서 방황하기도 하고, 가정 형편으로 잠시 학업을 소홀히 할 수도 있습니다. 실패하고 뒤처지는 아이들을 격려하고 다시 살려내는 것이 교육입니다. 아이들이 방황하다가 언제라도 다시 공부하고 싶을 때 맘껏 수학을 해낼 수 있는 체계를 만드는 것이 우리 어른들이 할 일입니다. 위계성을 계속 유지하고 있는 상태에서는 재기라는 것이 불가능합니다. 전과자는 감옥에서만 만들어지는 것이 아닙니다. 수학의 위계성은 아이들을 전과자로 낙인찍고 있습니다. 일시적으로 수학 공부를 소홀히 한다든가 학습 방법이 잘못되어 일부분의 수학 내용을 이해하지 못하면 이후로 영원히 수학과는 담을 쌓아야 합니다. 수학 과목으로 대학의 변별력을 가질 수밖에 없는 현실에서 이것은 아이들에게 엄청난 부담을 줍니다.

12층 석탑에 대한 대안은 1층짜리 12칸의 연립주택을 짓는 것입니다. 아이들은 옆집이 지어지지 않아도 내 집을 꾸밀 수 있습니다. 극단적으로 말해서 12칸의 연립주택 어느 것이나 아무런 순서 없이 하나씩 지어나가면 언젠가 12칸이 다 지어질 것입니다. 한 칸을 짓다가 방황하고 실패하면 곧바로 다시 시작할 수 있습니다. 그 한 칸만 처음부터 시작하면 되기 때문입니다. 그럼 다시 할 수 있다는 자신감이 생깁니다. 그것도 길어야 1년이므로 누구나 시도할 수 있습니다. 소위 말하는 '리셋(reset)'의 개념입니다. 어제의 결과가 가급적 오늘에 영향을 덜 주어야 오늘 희망이 생깁니다. 전과처럼 쌓이고 쌓이면 그 부담은 갈수록 커집니다. 고등학생쯤 되면 더 이상 되돌아갈 힘도 용기도 없이 미래의 암울함을 느끼며 포기하고 말 겁니다.

앞으로 남은 제 인생에서 남은 일이 뭐냐고 묻는다면 저는 주저 없이 바로 이 문제, 교육과정의 대안을 만드는 일이라고 말할 것입니다. 학교를 중도에 퇴직하고 수학교육연구소를 만든 이유도 그중 하나입니다. 수학교육연구소의 벤치마킹 대상은 프로이덴탈 연구소입니다. 네덜란드의 프로이덴탈 연구소는 국가에서 예산을 지원하고 엄청난 연구 인력이 상주하지만 수학교육연구소에는 저 혼자뿐입니다. 여러 곳에 연구비를 지원해달라는 제안을 하고 싶지만 아무도 반기지 않을 것 같습니다. 실제 그런 사례가 없어 요청도 하지 못했습니다. 하지만 언젠가는 여기에도 '착한 수학'을 연구하기 위한 연구원으로 가득찰 때가 올 것입니다. 그리고 프로이덴탈 연구소를 능가하는 일을 해낼 날이 올 것입니다. 저는 아이와 부모 모두가 행복한 '착한 수학'이라는 희망을 가지고 있습니다. 나폴레옹의 말을 인용하면서 끝을 맺습니다.

"비장의 무기는 아직 내 손안에 있다. 그것은 희망이다."

아이와 부모 모두가 행복한 **초등 수학 혁명!**

착한수학

지은이 | 최수일

초판 1쇄 인쇄일 2013년 1월 7일
초판 1쇄 발행일 2013년 1월 18일

발행인 | 한상준
기획 | 임병희
편집 | 김현구 · 김민정
디자인 | 김경년
마케팅 | 박신용
종이 | 화인페이퍼
인쇄 · 제본 | 영신사

발행처 | 비아북(ViaBook Publisher)
출판등록 | 제313-2007-218호(2007년 11월 2일)
주소 | 서울시 마포구 연남동 567-40 2층
전화 | 02-334-6123 팩스 | 02-334-6126 전자우편 | crm@viabook.kr
홈페이지 | viabook.kr

ISBN 978-89-93642-46-9 03410

• 이 도서의 국립중앙도서관 출판시도서목록(CIP)은 e-CIP홈페이지(http://www.nl.go.kr/ecip)와 국가자료공동목록시스템(http://www.nl.go.kr/kolisnet)에서 이용하실 수 있습니다.
(CIP 제어번호 : CIP2012006182)
• 잘못된 책은 바꿔드립니다.